双馈风力发电机组的
建模与频率控制

主　编　杨德健

副主编　华　亮

西安电子科技大学出版社

内 容 简 介

　　本书系统地介绍了风力发电机组的建模与频率控制的相关知识,内容主要包括:绪论、双馈风力发电机组的建模与并网控制、电网频率控制技术、规模化风力发电并网对电网频率的影响、双馈风力发电机组的短期频率控制策略、双馈风力发电机组的中长期频率控制策略。

　　本书可供从事风力发电并网相关工作的人员参考,也可供高等院校相关专业的教师和学生参考学习。

图书在版编目(CIP)数据

双馈风力发电机组的建模与频率控制/杨德健主编. —西安:西安电子科技大学出版社,
2021.7
ISBN 978 - 7 - 5606 - 6087 - 5

Ⅰ. ①双… Ⅱ. ①杨… Ⅲ. ①双馈电机—风力发电机—仿真模型 ②双馈电机—风力发电机—频率控制 Ⅳ. ①TM315

中国版本图书馆 CIP 数据核字(2021)第 116609 号

策划编辑　高　樱
责任编辑　姜超颖　高　樱
出版发行　西安电子科技大学出版社(西安市太白南路 2 号)
电　　话　(029)88242885　88201467　　邮　　编　710071
网　　址　www.xduph.com　　　　　　电子邮箱　xdupfxb001@163.com
经　　销　新华书店
印刷单位　陕西天意印务有限责任公司
版　　次　2021 年 7 月第 1 版　　2021 年 7 月第 1 次印刷
开　　本　787 毫米 960 毫米　1/16　印张　5.5
字　　数　102 千字
印　　数　1～1000 册
定　　价　32.00 元
ISBN 978 - 7 - 5606 - 6087 - 5/TM
XDUP　6389001 - 1

前　言

　　由于变速风力发电机组（主要为双馈风力发电机组和永磁直驱风力发电机组）采用了电力电子变流器设备，因而在实现有功功率与无功功率解耦控制的同时，也使得变速风力发电机组的转速与电网频率解耦。在电网发生扰乱期间，变速风力发电机组无法像同步机组一样提供惯性响应，因此，变速风力发电机组固有的惯量对电网体现为一个"隐含惯量"，无法帮助电网遏制频率变化。此外，为使风力发电场的发电效益最大，通常情况下风力发电机组工作在最大功率追踪模式，因此，风力发电机组不具备备用容量，无法为电网提供一次调频响应，从而导致电力系统的单位调节功率能力降低，进而造成电网的最大频率偏差及准稳态频率偏差增加。为解决电力系统风力发电并网后低惯性和弱调频能力的问题，需要解决风力发电机组的系统调频问题。

　　本书在介绍双馈风力发电机组的机械和电气部分数学模型的基础上，通过 EMTP-RV 仿真软件建立了典型双馈风力发电机组的仿真模型，用于探索大规模风力发电并网对电力系统频率控制的影响，并且分析了双馈风力发电机组的短期频率控制以及中长期频率控制的特点。

　　本书第一章概述了风力发电的发展现状，风力发电机组的分类、结构以及成本。第二章介绍了双馈风力发电机组的机械部分与电气部分的数学模型，主要包括：风速模型、风轮模型、桨距角控制模型、轴系模型、双馈感应发电机的稳态与动态模型以及变流器控制模型。第三章介绍了电网频率控制技术，其中重点介绍了同步发电机组的惯性响应、电力系统的一次调频与二次调频，低频减载控制技术、同步发电机组频率保护及电网频率质量的影响。第四章介绍了规模化风力发电并网对电网频率的影响，包括风力发电渗透率的定义、典型电网事故中的频率问题以及国内关于频率控制的电网导则。第五章介绍了双馈风力发电机组的短期频率控制策略的分类及其特点，并且通过 EMTP-RV 仿真软件验证各类短期频率控制策略的优缺点。第六章介绍了双馈风力发电机组超速与变桨减载原理以及中长期频率控制策略特点，并借助 EMTP-RV 仿真软件验证中长期频率控制策略的优缺点。

　　本书由杨德健任主编，华亮任副主编。在编写过程中，南通大学许益恩给予了不少帮助和支持，在此表示感谢。

　　鉴于作者对双馈风力发电机组频率控制策略理解的局限性，书中难免有不当之处，恳请读者和专家批评指正。

编　者

2021 年 3 月

目 录

第一章 绪论 ……………………………………………………… 1

1.1 概述 ……………………………………………………… 1

1.2 风力发电的发展现状 …………………………………… 1

1.3 风力发电机组的分类 …………………………………… 4

1.4 风力发电机组的结构 …………………………………… 6

1.5 风力发电机组的成本 …………………………………… 6

第二章 双馈风力发电机组的建模与并网控制 ………………… 8

2.1 概述 ……………………………………………………… 8

2.2 风速模型 ………………………………………………… 9

2.2.1 基本风速模型 …………………………………… 9

2.2.2 阵风速模型 ……………………………………… 9

2.2.3 渐变风速模型 …………………………………… 10

2.2.4 随机风速模型 …………………………………… 10

2.3 风轮模型 ………………………………………………… 10

2.4 桨距角控制模型 ………………………………………… 13

2.5 轴系模型 ………………………………………………… 14

2.6 双馈感应发电机的稳态模型 …………………………… 15

2.7 双馈感应发电机的动态模型 …………………………… 18

2.7.1 三相静止坐标系下的数学模型 ………………… 19

2.7.2 两相同步旋转坐标系下的数学模型 …………… 20

2.8 变流器控制模型 ………………………………………… 24

2.8.1 双馈风力发电机组转子侧变流器控制模型 …… 24

2.8.2 双馈风力发电机组变流器直流环节模型 ……… 26

2.8.3 双馈风力发电机组网侧变流器控制模型 ……… 27

第三章 电网频率控制技术 …………………………………… 30

3.1 概述 ……………………………………………………… 30

3.2 惯性响应 ………………………………………………………………… 31

3.3 电力系统的一次调频 ………………………………………………… 31

3.4 电力系统的二次调频 ………………………………………………… 32

3.5 低频减载控制技术 …………………………………………………… 34

3.6 频率保护 ………………………………………………………………… 34

3.7 电网频率的影响 ………………………………………………………… 35

第四章　规模化风力发电并网对电网频率的影响 ……………………… 36

4.1 风力发电渗透率 ………………………………………………………… 36

4.2 电网事故中的频率问题简析 ………………………………………… 37

4.2.1 英国"8·9"电网事故 …………………………………………… 37

4.2.2 我国"9·19"锦苏直流双极闭锁事故 ………………………… 38

4.3 大规模风力发电并网对电网频率的影响 ………………………… 39

4.3.1 双馈风力发电机组对惯性响应及一次调频响应的影响 …… 39

4.3.2 风力发电并网对系统二次调频的影响 ……………………… 41

4.4 电网导则概述 …………………………………………………………… 42

第五章　双馈风力发电机组的短期频率控制策略 ……………………… 44

5.1 概述 ……………………………………………………………………… 44

5.2 双馈风力发电机组的频率控制 ……………………………………… 44

5.3 基于电网频率的短期频率控制策略 ………………………………… 46

5.3.1 虚拟惯性控制策略 …………………………………………… 46

5.3.2 下垂控制策略 ………………………………………………… 48

5.3.3 虚拟惯性和下垂综合控制策略 ……………………………… 51

5.4 基于风力发电机组旋转动能的阶跃短期频率控制策略 ………… 51

5.4.1 基于时间函数的阶跃短期频率控制策略 …………………… 51

5.4.2 基于风机转速函数的阶跃短期频率控制策略 ……………… 54

5.5 仿真分析 ………………………………………………………………… 56

5.5.1 IEEE14节点仿真系统简介 …………………………………… 56

5.5.2 基于电网频率的短期频率控制策略仿真分析 ……………… 58

5.5.3 基于旋转动能的阶跃短期频率控制策略仿真分析 ………… 66

第六章　双馈风力发电机组的中长期频率控制策略 …………………… 68

6.1 概述 ……………………………………………………………………… 68

6.2 双馈风力发电机组的超速减载控制策略 ………………………… 68

6.3 双馈风力发电机组的变桨减载控制策略 ………………………… 69

6.4　仿真分析 ·· 72

　6.4.1　仿真系统简介 ···································· 72

　6.4.2　风力发电机组超速与频率协调控制策略 ·········· 73

　6.4.3　风力发电机组变桨与频率协调控制策略 ·········· 74

参考文献 ·· 77

第一章　绪　论

1.1　概　述

　　面对环境污染和能源危机的双重压力，近年来可再生能源凭借清洁、可循环利用及取之不尽等明显优势迅速崛起。可再生能源包括：风能、太阳能、生物质能、地热能、海洋温差能等，其中风能的发展与利用相当可观。风能是地球表面大量空气流动所产生的动能，是太阳能的一种转化形式。由于太阳辐射造成地球表面各部分受热不均匀，引起大气层中的压力分布不平衡，在水平气压梯度的作用下，空气沿水平方向运动形成风。风能资源的总储量非常巨大，一年中可开发的风能约 5.3×10^{13} 千瓦时[1]。风能总量多、分布广，随着技术成熟与完善，风能利用逐渐呈现规模化、商业化。风能将会成为 21 世纪的主要新兴能源之一。

　　与其他发电方式相比，风力发电具有以下特点：

　　（1）清洁，可再生。

　　（2）成本相对较低。

　　（3）技术成熟。

　　（4）具有间歇性、波动性和随机性。

1.2　风力发电的发展现状

　　近年来风力发电规模稳步增长，如图 1-1 所示，截至 2019 年，全世界总的风力发电装机容量为 651 GW，其中 2019 年增加了 60 GW，2019 年之前的十年中，平均每年增加 49.4 GW[2]。图 1-2 所示是 2019 年世界上风力发电机组装机容量最多的 10 个国家的装机量，其中我国的风力发电机组装机容量将近 250 GW，高居世界第一；美国为风力发电机组装机容量第二多的国家，然而其风力发电机组装机容量不足我国风力发电机组装机容量的 50%；排名第三至第十的国家分别为德国、印度、西班牙、英国、法国、瑞典、墨西哥以及阿根廷[2]。

　　丹麦计划在 2050 年将风力发电比例提高到 100%；欧盟的总体目标是在 2050 年由风力发电提供 50% 的电力；美国的目标是到 2030 年电力供应的 30% 将由风力发电提供。我国计划至 2050 年，风力发电机组装机容量达到 1000 GW，发电量达到 5.350 万亿千瓦时，占总量的 35%，风力发电将成为我国的第一电源[3]。

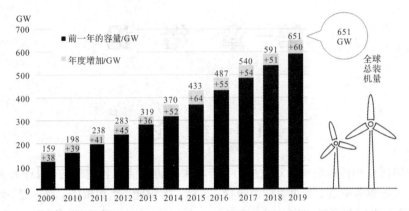

图 1-1　2009 年至 2019 年全球累计与新增风力发电机组装机容量

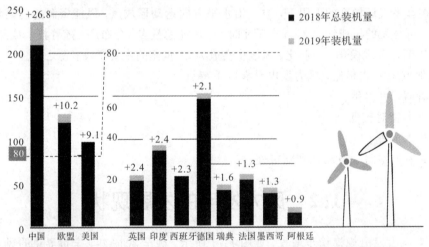

图 1-2　2019 年全球风力发电机组装机容量最多的 10 个国家的装机量

随着大型风力发电机组技术的成熟与商业化的发展，风力发电机组的装机容量持续增长。由于丰富的风能资源以及广阔的区域，海上风力发电技术(offshore)成为近来研究和应用的热点，兆瓦级风力发电机组在近海风力发电场的商业化运行是国内外风能利用的新趋势。图 1-3 给出了 2009 年至 2019 年欧洲、亚洲、北美洲海上风力发电机组装机容量情况；截至 2019 年底，全球海上风力发电机组装机容量已达 29 GW，占风力发电总装机容量的 4.5%，其中 70% 以上的海上风力发电场建在北欧地区[2]。

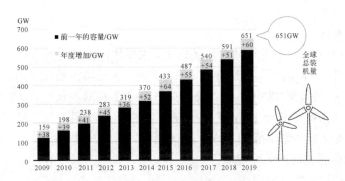

图 1-3　2009 年至 2019 年欧洲、亚洲、北美洲累计海上风力发电机组装机容量

　　表 1-1 给出了 2019 年全球著名的五家风力发电制造企业名录及其主流研发产品。这五家风力发电机组制造企业分别为丹麦的 Vestas、西班牙的 Siemens Gamesa、中国的金风、美国的 GE 以及中国的远景[4]。大部分的制造企业集中开发变速风力发电机组(DFIG 和 PMSG)，根据每个公司技术的不同以及每个国家的要求和发展方向的不同，研发的主要产品的容量也存在差异，目前单机容量最大的风力发电机组为西班牙开发的 14 MW PMSG，风轮直径为 222 m[4]。

表 1-1　2019 年全球著名风力发电制造企业名录及其主流研发产品

制造商	机型	风轮直径	额定功率范围
Vestas(丹麦)	DFIG	90～120 m	2.0～2.2 MW
	PMSG	105～164 m	3.4～10 MW
Siemens Gamesa(西班牙)	PMSG	193～222 m	10～14 MW
	SCIG	154～167 m	6.0～8.0 MW
	PMSG	120～142 m	3.5～4.3 MW
	DFIG	114～145 m	2.1～4.5 MW
金风(中国)	PMSG	93～175 m	2.0～8.0 MW
GE(美国)	DFIG	116～158 m	2.0～5.3 MW
	PMSG	151 m, 220 m	6.0 MW, 12 MW
远景(中国)	DFIG	82～148 m	2.0～4.5 MW

　　DFIG：双馈感应发电机；PMSG：永磁同步发电机；SCIG：鼠笼式感应发电机。

　　随着风力发电的应用范围不断扩大、发电技术的不断成熟以及海上风力发电的兴起，风力发电机组的单机容量不断增加。风力发电机组具有以下三个优点：

　　(1) 单位功率造价低；

（2）发电效率高；

（3）并网成本低。

在过去的 30 年里，风力发电技术发展迅猛，主要体现在风轮的直径与风力发电机组的装机容量方面。图 1-4 给出了 1980 年至 2019 年风力发电机组的发展历程，风力发电机组的直径（D）由 15 m 增加至 220 m，大约是三架波音 737 机翼的长度；单机装机容量实现了井喷式增长，从 50 kW 增长至 12 MW[5,6]。在随后的五年里，风力发电机组的叶片直径将增加 2 m，并且装机容量将增加至 14 MW；与此同时，风力发电机组的塔架高度将随叶片直径和风力发电机组容量的增大而增加。

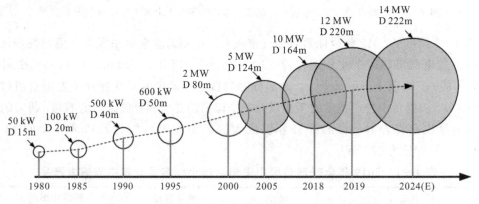

图 1-4　1980 年至 2019 年风力发电机组的发展历程

1.3　风力发电机组的分类

按照不同的基准，风力发电机组的分类参见表 1-2 所列。

表 1-2　风力发电机组的分类及其特点[7]

分类依据	分 类	主 要 特 点
叶片与轮毂的连接方式	定桨距	叶片固定在轮毂上，不可旋转
	变桨距	叶片可以绕其中心旋转
叶片转速是否恒定	恒速风力发电机组	风速变化时，风力发电机组转速保持不变
	变速风力发电机组	风力发电机组的转速随风速的变化而变化
发电机组类型	异步发电机	鼠笼型异步发电机组和双馈异步发电机组
	同步发电机	电励磁同步发电机组和永磁同步发电机组

分类依据	分 类	主 要 特 点
风力发电机组旋转主轴	水平轴风力发电机组	根据风向的改变，实时调整风力发电机组并对准风向
	垂直轴风力发电机组	接受不同方向的风能，但效率低
叶片数量	单叶片、双叶片、三叶片和多叶片风力发电机组	三叶片风力发电机组为现代主流风力发电机组，效率高
风力发电机组接受风的方向	上风向风力发电机组	必须安装调向装置，使风力发电机组始终对准风向
	下风向风力发电机组	无须安装调向装置，能够自主对准风向
是否采用齿轮箱	有齿轮箱风力发电机组	传统大功率风力发电机组均采用高转速比的齿轮箱
	直驱型风力发电机组	要求风力发电机组的极对数多，新型风力发电机组发展趋势之一，但是体积大
是否并网	并网型风力发电机组	大规模开发与应用
	离网型风力发电机组	小规模开发与应用

目前，市场中应用最广的并网型风力发电机组的主要特点是水平轴、三叶片、上风向，最具代表性的风力发电机型主要包括：基于异步发电机的恒速风力发电机组、基于双馈感应发电机的变速风力发电机组以及基于同步发电机的变速风力发电机组。表1-3总结了三种主流风力发电机组机型的特点[1, 8]。

表1-3 三种风力发电机组机型的特点比较

发电机类型	转子结构	励磁方式	转子速度	齿轮箱	变流器容量
鼠笼异步发电机	转子为鼠笼式，结构简单，制造方便，运行可靠	从电网取得励磁电流及感性无功功率，无需励磁装置及励磁调节装置	10%可调	需要	不需要变速器
直驱永磁同步发电机	转子为永磁式，结构、维护简单	无需外部励磁	100%可调	不需要	全功率
双馈异步发电机	转子为绕线式，结构较复杂	从电网及转子励磁装置取得励磁电流，需要交流励磁装置及励磁调节装置	30%可调	需要	约30%额定功率

1.4　风力发电机组的结构

图 1-5 给出了典型的风力发电机组结构，主要包括：风力机、齿轮箱、发电机、变流器、电网（升压变压器）等部件。其中机械系统包括风力机和齿轮箱；电气系统包括发电机、变流器、升压变压器等[1]。风力机的作用是将风能转化为旋转的机械能，发电机的作用是将机械能转化为电能。

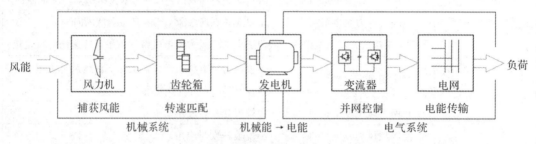

图 1-5　典型风力发电机组结构

风力机主要由风力发电机组叶片、变桨系统和轮毂组成，其主要功能是将风能转化为旋转的机械能。目前，典型的风力发电机组叶片以水平轴、三叶片为主。轮毂的主要作用是固定叶片，并与齿轮箱相连。风力发电机组每个叶片都有一套独立的变桨系统，通过上级控制器的指令主动调节风力发电机组叶片捕获的风能。风力发电机组叶片的半径为风力机的重要参数，叶片的半径越长，风力机转速越慢。典型兆瓦级风力机的转速为 10~15 转/分[1]。

齿轮箱、发电机等主要设备安置在机舱内，目的是保护上述设备免受雨雪、风沙等恶劣环境的侵害，延长使用寿命。机舱顶部装有风向仪，风向仪采用拼装结构，在偏航系统的驱动下，可实现风轮自动对风的目的[1]。齿轮箱是风力发电机组中的重要机械部件之一。采用齿轮箱，风力机可实现较低的转速与较高的转矩，发电机可实现较高的转速与较低的转矩。发电机的主要作用是将旋转机械能转化为电能。与火力发电、水力发电等其他发电形式相比，风力发电机组可使用的发电机类型较多，例如鼠笼型、绕线型异步发电机，永磁同步发电机。变流器的主要作用是实现有功功率与无功功率的解耦控制、最大功率追踪、风力发电机组减载以及其他的高级控制策略[9]。

1.5　风力发电机组的成本

随着风力发电的应用范围不断扩大及发电技术的不断成熟，风力发电成本显著下降。风力发电的成本主要取决于风力发电机组的成本，同时也与风力发电场的场址和风力发电机组轮毂的高度等因素有着密切的关系。表1-4给出了一台欧洲典型2 MW风力发电系统主要部件的成本比例。其中,总成本的75%与风力发电机组直接相关;其他成本包括基建、电气安装、土地租金、道路建设等[5]。表1-5给出了2005年前后安装容量为10 kW、50 kW与1.7 MW风力发电机组的成本。由表1-5可知,大型风力发电机组的每千瓦成本反而低于小型风力发电机组的[5],这也是风力发电机组的单机容量不断增加的主要原因之一。

表1-4 典型2 MW风力发电机组主要组成部分的成本比例

部件	投资/(€1,000/MW)	占总成本比例/%
风力发电机组	928	75.6
电网连接	109	8.9
基建	80	6.5
土地租金	48	3.9
电气安装	18	1.5
咨询费	15	1.2
财务费用	15	1.2
道路建设	11	0.9
控制系统	4	0.3
总成本	1228	100

表1-5 2005年前后不同风力发电机组装机容量成本

项 目	小型风力发电机组		大型风力发电机组
额定输出功率/kW	10	50	1700
风力机成本/美元	32500	110000	2074000
安装费用/美元	25100	55000	782000
总成本/美元	57600	165000	2856000
每千瓦成本/美元	5760	3300	1680

第二章 双馈风力发电机组的
建模与并网控制

2.1 概　述

图 2-1 给出了典型双馈风力发电机组结构。在对双馈风力发电机组建模时，需要对每一基本模块进行建模，其中，风轮模型是指风力发电机组的气动系统，包括叶片与轮毂，风轮吸收空气动能并转化为旋转机械能，风力机捕获的机械能取决于当时的风速、风轮转速和风力发电机组桨距角。轴系模型是指风力发电机组的机械系统，其包括风轮、轴、齿轮箱和发电机转子。风力发电系统的惯性主要由风轮和发电机转子组成，齿轮箱的惯性很小，因此，研究时常常忽略齿轮箱的惯性。风轮模型与轴系模型之间的联系可通过机械转矩表示。桨距角控制系统由桨距伺服控制，主控制系统产生参考桨距角命令，桨距伺服为执行机构。受风力发电机组变桨系统物理因素的影响，桨距角的调节范围和调节速率均受到限制。双馈风力发电机组控制系统主要控制风力发电机组的有功功率、无功功率、转速及桨距角。通过控制风力发电机组转速至最优转速实现最大功率追踪控制、通过超速或变桨控制实现减载控制、有功功率与无功功率解耦控制等[10]。

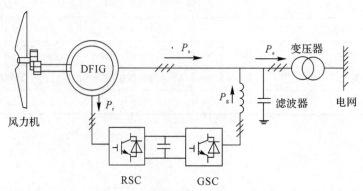

图 2-1　典型双馈风力发电机组结构

下面将针对风速模型、风轮模型、桨距角控制模型、轴系模型、双馈感应发电机的稳态模型、双馈感应发电机的动态模型以及变流器控制模型进行重点介绍。

2.2　风速模型

为准确地描述风功率随机性、波动性与间歇性的特点，风速模型可通过基本风速、阵风速、渐变风速以及随机风速表示[11]，如下：

$$v(t) = v_b + v_g(t) + v_r(t) + v_n(t) \qquad (2-1)$$

式中：

$\quad v(t)$——风速模型。

$\quad v_b$——基本风速模型。

$\quad v_g(t)$——阵风速模型。

$\quad v_r(t)$——渐变风速模型。

$\quad v_n(t)$——随机风速模型。

2.2.1　基本风速模型

基本风速模型意味着风力发电场或风力发电机组的平均风速，基本风速模型可通过实时测量的 Weibull 参数获得，即

$$v_b = c + \Gamma\left(1 + \frac{1}{k}\right) \qquad (2-2)$$

式中：

$\quad c$——Weibull 分布的尺度参数。

$\quad k$——Weibull 分布的形状参数。

$\quad \Gamma\left(1 + \dfrac{1}{k}\right)$——伽马函数。

2.2.2　阵风速模型

风速具有突然变化的特点，建模时通常采用阵风速模型描述风速突变特性，并且 $v_g(t)$ 在风速变化时间内具有余弦特性，因此，阵风速模型可表示为

$$v_g(t) = \begin{cases} 0, & t < t_{g1} \\ \dfrac{v_{g,max}}{2}\left[1 - \cos 2\pi\left(\dfrac{t - t_{g1}}{g}\right)\right], & t_{g1} \leqslant t \leqslant t_{g1} + T_g \\ 0, & t_{g1} + T_g < t \end{cases} \qquad (2-3)$$

式中：

$\quad v_{g,max}$——阵风幅值。

$\quad t_{g1}$——阵风开始的时刻。

T_g——风速变化周期(阵风周期)。

2.2.3 渐变风速模型

风速不仅具有突变的特点,在一定的时间内存在渐变的线性特性,具体公式如下:

$$v_r(t) = \begin{cases} 0, & t < t_{r1} \\ v_{r,max}\left(\dfrac{t - t_{r1}}{T_r}\right), & t_{r1} \leqslant t \leqslant t_{r1} + T_r \\ v_{r,max}, & t_{r1} + T_g < t \end{cases} \tag{2-4}$$

式中:

$v_{r,max}$——渐变风幅值。

t_{r1}——渐变风开始的时刻。

T_r——渐变风周期。

2.2.4 随机风速模型

在风力发电场平均风速上叠加风速随机分量,可体现风速的随机性,随机风速分量的模型具体如下

$$v_n(t) = v_{n,max}R_{am}(-1,1)\cos(\omega_v + \varphi_v) \tag{2-5}$$

式中:

$v_{n,max}$——随机风速分量幅值。

$R_{am}(-1,1)$——-1 与 1 之间均匀分布的随机数。

ω_v——随机风速波动的平均间距,一般取 $0.5\pi \sim 2\pi$。

φ_v——$0 \sim 2\pi$ 间均匀分布的随机变量。

2.3 风 轮 模 型

风力发电机组通过风力机捕获流动空气中蕴含的能量,并将其转化成机械能,从而拖动异步发电机或同步发电机旋转,将机械能转化成电能。

由空气动力学可知,风力发电机组输入功率 P_{air} 为

$$P_{air} = \frac{1}{2}\rho A v^3 = \frac{1}{2}\rho\pi R^2 v^3 \tag{2-6}$$

式中:

ρ——空气密度,一般为 1.225 kg/m^3。

A——风力发电机组的叶片迎风扫掠的面积。

v——风速。

R——风力发电机组的叶片半径。

风轮从流动空气中捕获的风能是受限制的，根据贝兹理论可知，理论上风轮捕获风能的最大值是风轮输入功率的 59.3%。风力发电机组捕获的机械功率表示为

$$P_m = \frac{1}{2}\rho A v^3 C_p(\lambda,\beta) = \frac{1}{2}\rho\pi R^2 v^3 C_p(\lambda,\beta) \tag{2-7}$$

式中：C_p 为风能利用系数，是风力发电机组的一个重要参数，它的大小决定了风力发电机组的输出功率；λ 为风力发电机组叶尖速比，即风力发电机组叶片叶尖线速度与风速之比，是风力发电机组的另一个重要参数；β 为桨距角。

由式(2-7)可知，在风速恒定的情况下，风力发电机组捕获的机械功率取决于 C_p 的大小。针对变速风力发电机组，C_p 直接与叶尖速比和桨距角有关，即

$$C_p(\lambda,\beta) = 0.645\left[0.00912\lambda + \frac{-5 - 0.4(2.5 + \beta) + 116\lambda_i}{e^{21\lambda_i}}\right] \tag{2-8}$$

$$\lambda_i = \frac{1}{\lambda + 0.08(2.5 + \beta)} - \frac{0.035}{1 + (2.5 + \beta)^3} \tag{2-9}$$

不同的风力机模型采用不同的风能利用系数函数，如文献[12,13]中采用如式(2-10)与式(2-11)两种不同的高阶非线性函数。

$$C_p(\lambda,\beta) = (0.44 - 0.0167\beta)\sin\left[\frac{\pi(\lambda - 3)}{15 - 0.3\beta}\right] - 0.00184(\lambda - 3)\beta \tag{2-10}$$

$$C_p(\lambda,\beta) = \sum_{i=0}^{4}\sum_{j=0}^{4} a_{i,j}\beta^i\lambda^j \tag{2-11}$$

式(2-11)中 $a_{i,j}$ 的参数设置如表 2-1 所示。

表 2-1　$a_{i,j}$ 参数

i	j	$a_{i,j}$	i	j	$a_{i,j}$
4	4	4.9686e−010	2	1	1.0996e−002
4	3	−7.1535e−08	2	0	1.5727e−002
4	2	1.6167e−006	1	4	−2.3895e−005
4	1	−9.4839e−006	1	3	1.0683e−003
4	0	1.4787e−005	1	2	−1.3934e−002
3	4	−8.9194e−006	1	1	6.0405e−002
3	3	5.9924e−006	1	0	−6.7606e−002
3	2	−1.0479e−004	0	4	1.1524e−005
3	1	5.7051e−004	0	3	−1.3365e−004
3	0	−8.6018e−004	0	2	−1.2406e−002
2	4	2.7937e−006	0	1	2.1808e−001
2	3	−1.4855e−004	0	0	−4.1909e−001
2	2	2.1698e−003			

当风速变化而桨距角恒定不变时，风能利用系数 C_p 只与叶尖速比 λ 存在耦合关系，并且可用一条 $C_p(\lambda)$ 描述二者之间的关系。$C_p(\lambda)$ 曲线反映的是风力发电机组的特性，不同额定功率的风力发电机组以及风力发电机组厂商的 $C_p(\lambda)$ 曲线是相似的。由图 2-2 可知，针对特定的风力发电机组，存在唯一的叶尖速比 λ 使得风力发电机组具有最大的风能利用系数 $C_{p,\max}$，并称其为最优叶尖速比 λ_{opt}，通常 λ_{opt} 为 8~10。

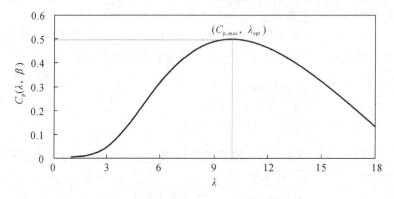

图 2-2 $\beta = 0°$ 时 $C_p(\lambda)$ 与 λ 的关系曲线图

从图 2-3 可看出 C_p 曲线对风力发电机组叶尖速比和 β 桨距角的变化规律。当桨距角 β 逐渐降低时，$C_p(\lambda)$ 曲线逐渐升高，即 $C_p(\lambda)$ 随之增加。基于此，风力发电机组可通过改变桨距角调节捕获的机械功率。风力发电机组启动时，桨距角在最大值，此时风力发电机组具有最大的启动转矩，随着桨距角减少，使风力发电机组转速平稳上升直至达到并网要求。在额定功率以下（通常为额定风速下），桨距角 β 置于 0°。当风速超过额定风速时，桨距角控制启动，调节风力发电机组的输出功率在额定值附近。此外，桨距角控制可根据控制命令实现减载运行。

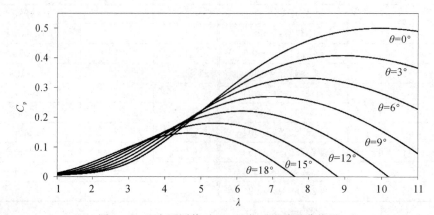

图 2-3 β 为不同值时 $C_p(\lambda)$ 与 λ 的关系曲线图

定桨距角风力发电机组与变桨距角风力发电机组各自的优缺点如下：

（1）定桨距角风力发电机组的桨距角不能改变，其风能利用系数仅仅与叶尖速比相关，低风速时风能利用系数大，高风速时风能利用系数低。

（2）在低风速时，变速风力发电机组可通过桨距角控制使风轮具有最大的启动转矩，具有可控性强的优点。

（3）变速风力发电机组的功率可通过桨距角控制，因此不完全受风力发电机组叶片气动的限制，在额定风速以上通过桨距角控制可使得风力发电机组具有稳定的功率输出。

（4）变桨距角风力发电机组的轮毂结构复杂，制造与维护成本高昂。

2.4　桨距角控制模型

双馈风力发电机组可通过桨距伺服来控制桨距角，即改变气流对风力发电机组叶片的功角，从而限制风力发电机组捕获风能。桨距角控制的主要输入参数为风力发电机组的输出功率和风力发电机组的转速。桨距伺服为执行机构，主要的输出参数为桨距角（控制风力发电机组叶片达到要求角度），但受结构的限制，桨距伺服不能快速响应控制命令以改变角度，且受角度极限的限制，风力发电机组叶片的角度只能在 $0°\sim30°$ 之间。此外，桨距伺服不仅受角度极限的限制，还受角度变化率的限制。由于风力发电机组的叶片尺寸很大，桨距角仅以有限、缓慢的速率变化。通常桨距角变化的最大速率为 $3°/s\sim10°/s$，这主要取决于风力发电机组叶片的尺寸。桨距角控制通常在风力发电机组启动、获取有功功率备用及防止风力发电机组转速超出最大限定值的情况下使用。

图 2-4 给出了变速风力发电机组桨距角控制的原理图。将风力发电机组的实际转速与最大转速比较后，经 PI 控制器，得到风力发电机组的桨距角参考值 β_{ref}。在仿真平台中，为模拟实际应用中的响应特性，可将实际应用中的桨距伺服机构用惯性控制环节和积分环节代替，桨距伺服时间常数设为 T。为反映桨距角的机械限制，桨距角的下限值设为 $0°$，上限值设为 $30°$，桨距角变化率设为 $10°/s$。

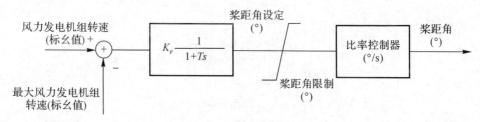

图 2-4　桨距角控制原理

2.5 轴系模型

风力发电机组的轴系由风力机、变速传动装置以及发电机组成。其中变速传动装置由齿轮箱、高速轴以及低速轴组成。根据轴系建模方法和研究内容的不同，可将变速传动装置分为集中质块模型、二质块模型和三质块模型[1]。

当研究侧重点在分析风力发电机组电气部分的动态模型时，可将风力发电机组的传动部分做一定的简化。风力发电机组的转动惯量主要由风力机和发电机组成，并且具有较大的值。流动的空气从叶片通过轮毂到达发电机组做功时有一定的时滞，建模时可借助一阶惯性环节模拟此过程，即

$$2(H_t + H_g)\frac{d\omega_r}{dt} = T_m - T_{em} \tag{2-12}$$

式中：

H_t——风力机转动惯量。

H_g——发电机转动惯量。

ω_r——发电机组转速。

T_m——机械转矩。

T_{em}——电磁转矩。

当研究的重点需要涉及风力发电机组传动部分时，可借助二质块模型反映传动部分的动态响应。图 2-5 给出了风力发电机组变速传动装置的二质块模型。由图 2-5 可知，变速传动装置在风力机侧承受由流动空气产生的机械转矩 T_m，在发电机组侧承受由电场产生的电磁转矩 T_{em}。在电磁转矩或机械转矩发生变化时，机械转矩与电磁转矩之间产生的转矩角也随之改变，从而产生轴系松弛或扭曲的现象，进而引起发电机组转速的变化。一般通过二质块模型的转矩角反映风力发电机组的机械疲劳问题。

借助标幺值系统的状态方程可描述图 2-5 所示的二质块模型，即

$$2H_t\frac{d\omega_t}{dt} = T_m - T_{ls} \tag{2-13}$$

$$2H_g\frac{d\omega_r}{dt} = T_{hs} - T_{em} \tag{2-14}$$

$$T_{ls} = K\theta_s + B(\omega_t - \omega_{ls}) \tag{2-15}$$

$$N = \frac{T_{ls}}{T_{hs}} = \frac{\omega_r}{\omega_{ls}} \tag{2-16}$$

式中：

ω_t——风力发电机转速。

ω_{ls}、ω_{hs}——低速轴和高速轴转速。

T_{ls}、T_{hs}——低速轴和高速轴转矩。

θ_s——风力机与低速轴之间的转矩角。

K、B——传动部分总刚度和阻尼。

N——齿轮比。

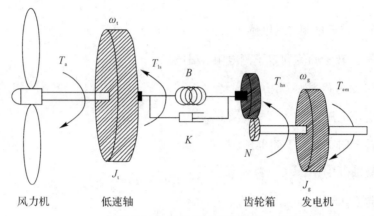

图 2-5　风力机二质块模型

2.6　双馈感应发电机的稳态模型

图 2-6 给出了双馈感应发电机单相 T 形等值电路[5]。

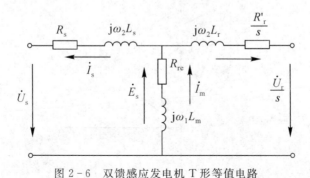

图 2-6　双馈感应发电机 T 形等值电路

定子、转子电压和电流的正方向按电动机惯例，并将转子侧的参数归算到定子侧，感应发电机的稳态模型如下：

$$
\begin{cases}
\dot{E}_\mathrm{s} = -\dot{I}_\mathrm{m}(R_\mathrm{m} + \mathrm{j}\omega_1 L_\mathrm{m}) \\
\dot{U}_\mathrm{s} = \dot{E}_\mathrm{s} - \dot{I}_\mathrm{s}(R_\mathrm{s} + j\omega_1 L_\mathrm{s}) \\
\dfrac{\dot{U}_\mathrm{r}}{s} = \dot{E}_\mathrm{s} - \dot{I}_\mathrm{r}\left(\dfrac{R_\mathrm{r}}{s} + \mathrm{j}\omega_2 L_\mathrm{r}\right) \\
\dot{I}_\mathrm{m} = \dot{I}_\mathrm{s} + \dot{I}_\mathrm{r}
\end{cases}
\tag{2-17}
$$

式中：

R_s、L_s——定子电阻、漏电感。

$\dfrac{R_\mathrm{r}}{s}$、L_r——转子归算到定子侧电阻、漏电感。

L_m——激励电感。

$\dot{U}_\mathrm{s}$——定子电压。

$\dot{U}_\mathrm{r}$——转子归算到定子侧电压。

$\dot{E}_\mathrm{s}$——激励电压。

$\dot{I}_\mathrm{s}$——定子电流。

$\dot{I}_\mathrm{r}$——转子归算到定子侧电流。

$\dot{I}_\mathrm{m}$——激励电流。

s——转差率。

由图 2-6 得出双馈感应发电机的向量图如图 2-7 所示。

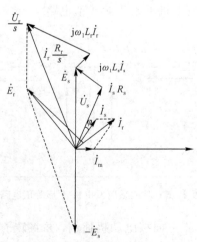

图 2-7 双馈感应发电机向量图

双馈感应发电机的转子通过背靠背变流器与电网相连，定子直接与电网相连，因此，双馈风力发电机组输出到电网的总功率由定子侧的输出功率和转子侧通过换流器输出的滑差功率组成。由于双馈感应发电机的定子绕组直接接入电网，流过工频的三相对称交流电流产生角速度为 ω_e 的旋转磁场，而转子绕组通过背靠背变流器连接到电网，流过三相交流电流，产生相对于转子的滑差角速度为 ω_{s1} 的旋转磁场[5]，因此当双馈感应发电机稳定运行时，定子旋转磁场与转子旋转磁场应保持相对静止，从而实现电能的稳定转换。感应发电机的角速度、同步角速度以及滑差角速度之间的关系如下：

$$\omega_e = \omega_r + \omega_{s1} \qquad (2-18)$$

式中：

ω_e ——发电机转速。

ω_r ——同步转速。

ω_{s1} ——滑差角速度。

设双馈风力发电机组的总有功功率为 P_e，定子侧直接向电网输出的有功功率为 P_s，转子侧通过变流器向电网输出的有功功率为 P_r。若忽略转子回路与定子回路中的有功损耗，则定子侧与转子侧有功功率的关系可表示为

$$P_r = -sP_s \qquad (2-19)$$

式中，转差率可为正，即 $s>0$；可为负，即 $s<0$；也可为零，即 $s=0$。因此，双馈风力发电机组可以运行在三种不同的工作状态，在这三种工作状态下，转子、定子的有功功率流向如表 2-2 所示。

表 2-2　双馈风力发电机组不同运行状态下的功率流向

DFIG	$s>0$	$s<0$	$s=0$
运行状态	亚同步速	超同步速	直流励磁
定子侧功率流向	向电网注入有功	向电网注入有功	向电网注入有功
转子侧功率流向	从电网吸收有功	向电网注入有功	无有功流动

（1）亚同步运行状态。此时，$s>0$，$\omega_r<\omega_e$，$P_r<0$。双馈风力发电机组转子侧从电网中吸收能量，风力发电机组转子转速与转子电流产生旋转磁场的转速方向相同，风力发电机组处于电动机状态，其有功功率的流动示意图如图 2-8 所示。

（2）超同步运行状态。此时，$s<0$，$\omega_r>\omega_e$，$P_r>0$。风力发电机组转子侧向电网中馈入能量，风力发电机组转子转速与转子电流产生的旋转磁场转速方向相反，风力发电机组处

于发电机状态，其功率流动示意图如图 2-9 所示。

（3）同步运行状态。与同步发电机相同，$\omega_r = \omega_e$，转子电流为直流。

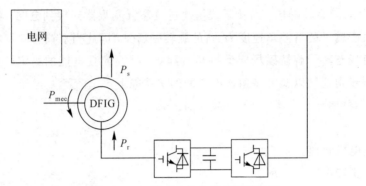

图 2-8　双馈感应发电机亚同步运行

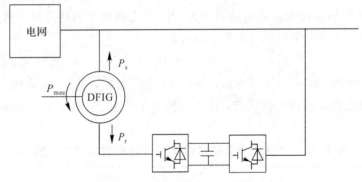

图 2-9　双馈感应发电机超同步运行

2.7　双馈感应发电机的动态模型

在讨论双馈感应发电机的三相静止坐标系下的数学模型和两相旋转坐标系下的数学模型时，发电机定子按发电机惯例，正方向定为定子电流流出方向；发电机转子亦按电动机惯例，正方向定为转子电流流入方向。

双馈感应发电机的动态模型是一个非线性、高阶、时变性、强耦合的多变量系统。为便于分析，通常做如下假设：

（1）不考虑磁饱和和空间谐波，各绕组自感和互感为定值。

（2）三相绕组对称，磁动势沿气隙正弦分布。

（3）不考虑温度对绕组的影响，并且忽略铁损。

（4）转子绕组均折算到定子侧，且折算后定子和转子匝数相等。

2.7.1 三相静止坐标系下的数学模型

对转子绕组进行折算后，通过双馈感应发电机的等效绕组物理模型，如图 2 - 10 所示，可得到三相静止坐标系下的双馈感应发电机的数学模型。

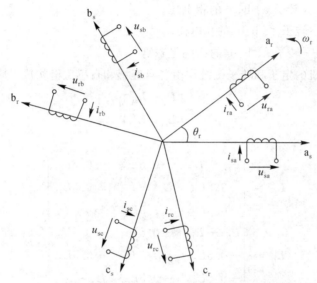

图 2 - 10 双馈感应发电机的等效绕组物理模型

双馈感应发电机定子 a、b、c 三相绕组的电压方程为

$$\begin{cases} u_{sa} = R_s i_{sa} + \dfrac{\mathrm{d}\psi_{sa}}{\mathrm{d}t} \\[2mm] u_{sb} = R_s i_{sb} + \dfrac{\mathrm{d}\psi_{sb}}{\mathrm{d}t} \\[2mm] u_{sc} = R_s i_{sc} + \dfrac{\mathrm{d}\psi_{sc}}{\mathrm{d}t} \end{cases} \qquad (2 - 20)$$

式中：

u_{sa}、u_{sb}、u_{sc}——定子 a、b、c 的相电压。

i_{sa}、i_{sb}、i_{sc}——定子 a、b、c 的相电流。

ψ_{sa}、ψ_{sb}、ψ_{sc}——定子 a、b、c 的相绕组磁链。

双馈感应发电机转子 a、b、c 的三相绕组电压方程为

$$
\begin{cases}
u_{\mathrm{ra}} = R_{\mathrm{r}} i_{\mathrm{ra}} + \dfrac{\mathrm{d}\psi_{\mathrm{ra}}}{\mathrm{d}t} \\[2mm]
u_{\mathrm{rb}} = R_{\mathrm{r}} i_{\mathrm{rb}} + \dfrac{\mathrm{d}\psi_{\mathrm{rb}}}{\mathrm{d}t} \\[2mm]
u_{\mathrm{rc}} = R_{\mathrm{r}} i_{\mathrm{rc}} + \dfrac{\mathrm{d}\psi_{\mathrm{rc}}}{\mathrm{d}t}
\end{cases}
\tag{2-21}
$$

式中：

u_{ra}、u_{rb}、u_{rc}——转子 a、b、c 的相电压。

i_{ra}、i_{rb}、i_{rc}——转子 a、b、c 的相电流。

ψ_{ra}、ψ_{rb}、ψ_{rc}——转子 a、b、c 的相绕组磁链。

双馈感应发电机的定子和转子磁链均由各自互感和自感磁链构成，其矩阵形式如下：

$$
\begin{bmatrix} \boldsymbol{\psi}_{\mathrm{s}} \\ \boldsymbol{\psi}_{\mathrm{r}} \end{bmatrix} =
\begin{bmatrix} \boldsymbol{L}_{\mathrm{ss}} & \boldsymbol{L}_{\mathrm{sr}} \\ \boldsymbol{L}_{\mathrm{rs}} & \boldsymbol{L}_{\mathrm{rr}} \end{bmatrix}
\begin{bmatrix} i_{\mathrm{s}} \\ i_{\mathrm{r}} \end{bmatrix}
\tag{2-22}
$$

其中：

$$
\boldsymbol{L}_{\mathrm{ss}} =
\begin{bmatrix}
L_{\mathrm{sm}} + L_{\mathrm{s}\sigma} & -0.5L_{\mathrm{sm}} & -0.5L_{\mathrm{sm}} \\
-0.5L_{\mathrm{sm}} & L_{\mathrm{sm}} + L_{\mathrm{s}\sigma} & -0.5L_{\mathrm{sm}} \\
-0.5L_{\mathrm{sm}} & -0.5L_{\mathrm{sm}} & L_{\mathrm{sm}} + L_{\mathrm{s}\sigma}
\end{bmatrix}
\tag{2-23}
$$

$$
\boldsymbol{L}_{\mathrm{rr}} =
\begin{bmatrix}
L_{\mathrm{rm}} + L_{\mathrm{r}\sigma} & -0.5L_{\mathrm{rm}} & -0.5L_{\mathrm{rm}} \\
-0.5L_{\mathrm{rm}} & L_{\mathrm{rm}} + L_{\mathrm{r}\sigma} & -0.5L_{\mathrm{rm}} \\
-0.5L_{\mathrm{rm}} & -0.5L_{\mathrm{rm}} & L_{\mathrm{rm}} + L_{\mathrm{r}\sigma}
\end{bmatrix}
\tag{2-24}
$$

$$
\boldsymbol{L}_{\mathrm{sr}} = \boldsymbol{L}_{\mathrm{rs}}^{\mathrm{T}} = L_{\mathrm{rm}}
\begin{bmatrix}
\cos\theta_{\mathrm{r}} & \cos(\theta_{\mathrm{r}} + 120^\circ) & \cos(\theta_{\mathrm{r}} - 120^\circ) \\
\cos(\theta_{\mathrm{r}} - 120^\circ) & \cos\theta_{\mathrm{r}} & \cos(\theta_{\mathrm{r}} + 120^\circ) \\
\cos(\theta_{\mathrm{r}} + 120^\circ) & \cos(\theta_{\mathrm{r}} - 120^\circ) & \cos\theta_{\mathrm{r}}
\end{bmatrix}
\tag{2-25}
$$

式中：

L_{sm}、L_{rm}——定子、转子绕组励磁电感，绕组折算后有 $L_{\mathrm{sm}} = L_{\mathrm{rm}}$。

$L_{\mathrm{s}\sigma}$、$L_{\mathrm{r}\sigma}$——定子、转子漏感。

θ_{r}——转子的位置角。

双馈感应发电机的电磁转矩可表示为

$$
\omega_{\mathrm{e}} T_{\mathrm{e}} = 0.5 p_{\mathrm{n}} \left(i_{\mathrm{r}}^{\mathrm{T}} \frac{\mathrm{d}\boldsymbol{L}_{\mathrm{rs}}}{\mathrm{d}\theta_{\mathrm{r}}} i_{\mathrm{s}} + i_{\mathrm{s}}^{\mathrm{T}} \frac{\mathrm{d}\boldsymbol{L}_{\mathrm{sr}}}{\mathrm{d}\theta_{\mathrm{r}}} i_{\mathrm{r}} \right)
\tag{2-26}
$$

2.7.2　两相同步旋转坐标系下的数学模型

感应发电机在两相同步旋转坐标系下的数学模型可由三相静止坐标系下的数学模型经

坐标变换得到，由于 d、q 轴相互垂直且两相绕组间没有磁耦合，因此感应发电机的数学模型得到了很大的简化，其等效物理模型如图 2-11 所示。

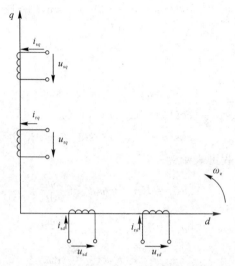

图 2-11　两相同步旋转坐标系下的双馈风力发电机组等效物理模型

在以电网频率旋转时，两相同步旋转坐标系 d、q 与三相静止坐标系的位置关系如图 2-12 所示，d 轴、转子 a_r 轴与定子 a_s 轴的夹角分别为 θ 和 θ_r，同时具有如下关系：

$$\begin{cases} \omega_e = \dfrac{\mathrm{d}\theta}{\mathrm{d}t} \\ \omega_r = \dfrac{\mathrm{d}\theta_r}{\mathrm{d}t} \end{cases} \qquad (2-27)$$

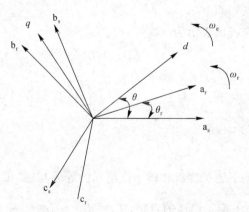

图 2-12　两相同步旋转坐标系和三相静止坐标系的位置关系

定子 a、b、c 三相坐标系到两相同步旋转 dq 坐标系的变换矩阵可用下式表示：

$$C_{32s} = \frac{2}{3} \begin{bmatrix} \cos\theta & \cos(\theta-120°) & \cos(\theta+120°) \\ \sin\theta & \sin(\theta-120°) & \sin(\theta+120°) \\ \frac{1}{2} & \frac{1}{2} & \frac{1}{2} \end{bmatrix} \quad (2-28)$$

其反变换可表示为

$$C_{23s} = \frac{2}{3} \begin{bmatrix} \cos\theta & \sin\theta & 1 \\ \cos(\theta-120°) & \sin(\theta-120°) & 1 \\ \cos(\theta+120°) & \sin(\theta+120°) & 1 \end{bmatrix} \quad (2-29)$$

定子和转子的电压方程可表示为

$$\begin{cases} u_{sd} = R_s i_{sd} - \omega_e \psi_{sq} + \dfrac{\mathrm{d}\psi_{sd}}{\mathrm{d}t} \\ u_{sq} = R_s i_{sq} - \omega_e \psi_{sd} + \dfrac{\mathrm{d}\psi_{sq}}{\mathrm{d}t} \end{cases} \quad (2-30)$$

$$\begin{cases} u_{rd} = R_r i_{rd} - \omega_{s1} \psi_{rq} + \dfrac{\mathrm{d}\psi_{rd}}{\mathrm{d}t} \\ u_{rq} = R_r i_{rq} - \omega_{s1} \psi_{rd} + \dfrac{\mathrm{d}\psi_{rq}}{\mathrm{d}t} \end{cases} \quad (2-31)$$

式中：

u_{sd}、u_{sq}、u_{rd}、u_{rq}——定子、转子的 d、q 轴电压分量。

ψ_{sd}、ψ_{sq}、ψ_{rd}、ψ_{rq}——定子、转子的 d、q 轴磁链分量。

i_{sd}、i_{sq}、i_{rd}、i_{rq}——定子、转子的 d、q 轴电流分量。

ω_{s1}——滑差角速度，$\omega_{s1} = \omega_e - \omega_r$。

定子和转子的磁链方程可表示为

$$\begin{cases} \psi_{sd} = L_s i_{sd} + L_m i_{rd} \\ \psi_{sq} = L_s i_{sq} + L_m i_{rq} \end{cases} \quad (2-32)$$

$$\begin{cases} \psi_{rd} = L_m i_{sd} + L_r i_{rd} \\ \psi_{rq} = L_m i_{sq} + L_r i_{rq} \end{cases} \quad (2-33)$$

式中：

L_m——同步坐标系下定子绕组和转子绕组间的等效互感，$L_m = \dfrac{2}{3} L_{sm}$。

L_s——同步坐标系下定子绕组的自感，$L_s = L_{\sigma s} + L_{sm}$。

L_r——同步坐标系下转子绕组的自感，$L_r = L_{\sigma r} + L_{sm}$。

转矩方程可表示为

$$T_e = \frac{3}{2} p_n (\psi_{sq} i_{sd} - \psi_{sd} i_{sq}) \qquad (2-34)$$

由上述推导出的双馈感应发电机在 dq 同步旋转坐标系下的模型，可整理出双馈风力发电机组在同步旋转坐标系下等效电路的矢量模型，如图 2-13 所示。

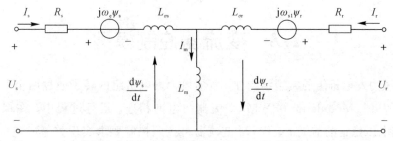

图 2-13　双馈风力发电机组两相同步旋转坐标系下等效电路的矢量模型

坐标变换后得到旋转坐标系下定子电压、转子电压、定子磁链、转子磁链方程组如下：

$$\begin{cases} u_{sd} = - r_s i_{sd} - \omega_1 \psi_{sq} + \dfrac{\mathrm{d}\psi_{sd}}{\mathrm{d}t} \\[2mm] u_{sq} = - r_s i_{sq} - \omega_1 \psi_{sd} + \dfrac{\mathrm{d}\psi_{sq}}{\mathrm{d}t} \end{cases} \qquad (2-35)$$

$$\begin{cases} u_{rd} = r_r i_{rd} - (\omega_1 - \omega_r) \psi_{rq} + \dfrac{\mathrm{d}\psi_{rd}}{\mathrm{d}t} \\[2mm] u_{rq} = r_r i_{rq} + (\omega_1 - \omega_r) \psi_{rd} + \dfrac{\mathrm{d}\psi_{rq}}{\mathrm{d}t} \end{cases} \qquad (2-36)$$

$$\begin{cases} \psi_{sd} = - L_s i_{sd} + L_m i_{rd} \\[1mm] \psi_{sq} = - L_s i_{sq} + L_m i_{rq} \end{cases} \qquad (2-37)$$

$$\begin{cases} \psi_{rd} = - L_m i_{sd} + L_r i_{rd} \\[1mm] \psi_{rq} = - L_m i_{sq} + L_r i_{rq} \end{cases} \qquad (2-38)$$

式(2-37)和式(2-38)中：

$L_s = \dfrac{3}{2} L_{sm} + L_{sl}$ 与 $L_m = \dfrac{3}{2} L_{sm}$ 分别为 dq 旋转同步坐标系下定子绕组每相等效自感和定子与转子绕组间等效互感。

$L_r = \dfrac{3}{2} L_{sm} + L_{rl}$ 为同步坐标系下转子绕组每相等效自感。

感应发电机的电磁转矩方程为

$$T_e = n_p L_m (i_{sq} i_{rd} - i_{sd} i_{rq}) = n_p (\psi_{sd} i_{sq} - \psi_{sq} i_{sd}) \qquad (2-39)$$

定子与转子有功功率与无功功率分别为

$$\begin{cases} P_1 = u_{sd}i_{sd} + u_{sq}i_{sq} \\ Q_1 = u_{sq}i_{sd} + u_{sd}i_{sq} \end{cases} \tag{2-40}$$

$$\begin{cases} P_2 = u_{rd}i_{rd} + u_{rq}i_{rq} \\ Q_1 = u_{rq}i_{rd} + u_{rd}i_{rq} \end{cases} \tag{2-41}$$

2.8 变流器控制模型

在双馈风力发电机组的典型结构中，双馈风力发电机组的转子通过两个背靠背的电压源型 Pulse Width Modulation(PWM)变流器与电网相连。运行过程中，在保持直流母线(DC-Link)电压稳定的前提下，PWM 变流器可按照控制要求实现整流或逆变状态，从而实现双馈风力发电机组转子有功功率的双向流动。转子侧变流器通过调节转子绕组电流的频率、幅值和相位来控制双馈风力发电机组定子和转子的有功功率；网侧变流器用于维持直流环节 DC-Link 的电压、功率因数和输出功率的稳定。以下将重点介绍转子侧变流器控制模型、变流器直流环节模型和网侧变流器控制模型。

2.8.1 双馈风力发电机组转子侧变流器控制模型

为实现双馈风力发电机组的有功功率与无功功率解耦控制，转子侧变流器采用了矢量控制方法，并且使定子磁链矢量 ψ_s 的方向选定为 d 轴方向，因此，d 轴的转速和相位与 ψ_s 相同。此外，因为 ψ_s 感应电压的相位超前 U_s 相位 90°，所以 q 轴的转速和相位与 U_s 的转速和相位相同。那么就有

$$\begin{cases} \psi_{sd} = \psi_s \\ \psi_{sq} = 0 \end{cases} \tag{2-42}$$

$$\begin{cases} u_{sd} = 0 \\ u_{sq} = U_s = \omega_1 \psi_s \end{cases} \tag{2-43}$$

将上式带入定子有功功率与无功功率方程中，有

$$\begin{cases} P_1 = U_s i_{sq} \\ Q_1 = U_s i_{sd} \end{cases} \tag{2-44}$$

由上述公式可知，双馈风力发电机组定子的有功功率与无功功率可分别通过定子侧 d、q 轴电流分量解耦控制。

将上述公式带入到双馈风力发电机组的发电机定子磁链方程中，整理可得到定子侧 d

轴与 q 轴电流分量的表达式：

$$\begin{cases} i_{sd} = \dfrac{L_m}{L_s} i_{rd} - \dfrac{\psi_s}{L_s} \\ i_{sq} = \dfrac{L_m}{L_s} i_{rq} \end{cases} \qquad (2-45)$$

重新整理双馈风力发电机组的定子有功功率与无功功率方程得到

$$\begin{cases} P_1 = U_s i_{sq} = \dfrac{L_m}{L_s} i_{rq} \\ Q_1 = U_s i_{sd} = U_s \left(\dfrac{L_m}{L_s} i_{rd} - \dfrac{\psi_s}{L_s} \right) = U_s \left(\dfrac{L_m}{L_s} i_{rd} - \dfrac{1}{L_s} \dfrac{U_s}{\omega_1} \right) \end{cases} \qquad (2-46)$$

将式(2-45)带入到风力发电机组转子电压方程中可得到

$$\begin{cases} u_{rd} = r_r i_{rd} - \omega_s \sigma i_{rq} + \sigma \dfrac{\mathrm{d} i_{rd}}{\mathrm{d} t} \\ u_{rq} = r_r i_{rq} + \omega_s \sigma i_{rd} + \sigma \dfrac{\mathrm{d} i_{rq}}{\mathrm{d} t} + \omega_s \dfrac{L_m}{L_s} \psi_s \end{cases} \qquad (2-47)$$

式中：

$$\sigma = L_r - \frac{L_m^2}{L_s}。$$

$$\omega_s = \omega_1 - \omega_r。$$

为使得转子侧变流器 d、q 轴分量实现解耦控制，根据式(2-47)设计相应的交叉耦合项，进行补偿和解耦，设计的转子电流解耦补偿项如下：

$$\begin{cases} u_{rd}^* = \left(k_{p1} + \dfrac{k_{i1}}{s} \right)(i_{rd}^* - i_{rd}) - \omega_s \delta i_{sq} \\ u_{rq}^* = \left(k_{p1} + \dfrac{k_{i1}}{s} \right)(i_{rq}^* - i_{rq}) + \omega_s \sigma i_{rd} + \omega_s \dfrac{L_m}{L_{ss}} \psi_s \end{cases} \qquad (2-48)$$

式中：

k_{p1}，k_{i1}——转子变流器 PI 调节器的比例、积分系数。

u_{rd}^*，u_{rq}^*——转子电压 d 与 q 轴分量参考值。

i_{rd}^*，i_{rq}^*——转子电流 d 与 q 轴分量参考值。

解耦后 dq 坐标系下感应发电机的转子电压与电流表达式为

$$\begin{cases} \sigma \dfrac{\mathrm{d} i_{rd}}{\mathrm{d} t} = \left(k_{p1} + \dfrac{k_{i1}}{s} \right)(i_{rd}^* - i_{rd}) - R_r i_{rd} \\ \sigma \dfrac{\mathrm{d} i_{rq}}{\mathrm{d} t} = \left(k_{p1} + \dfrac{k_{i1}}{s} \right)(i_{rq}^* - i_{rq}) - R_r i_{rq} \end{cases} \qquad (2-49)$$

转子侧变流器控制详细框图如图 2 - 14 所示。

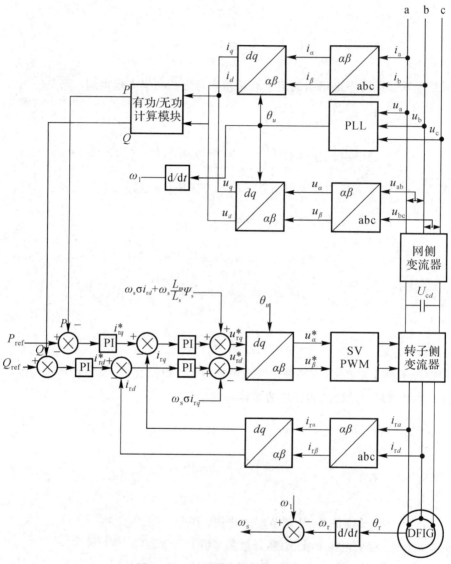

图 2 - 14 转子侧变流器控制框图

2.8.2 双馈风力发电机组变流器直流环节模型

图 2 - 15 给出了 PWM 变流器能量交换示意图。

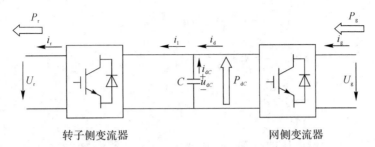

转子侧变流器　　　　　　　　　　　　网侧变流器

P_g—网侧变流器吸收的有功功率；

P_r—转子侧变流器向双馈感应发电机的转子提供的励磁功率；

P_{dC}—直流侧电容存储的有功功率；

i_g—网侧变流器流向直流母线的电流；

i_r—直流母线流向转子侧变流器的电流；

i_{dC}—流入直流母线电容的电流；

C—直流母线电容的电容值；

u_{dC}—直流母线电容的电压。

图 2-15　PWM 变流器能量交换示意图

由于变流器转子侧与网侧的有功功率交换平衡，按照图 2-15 中所示电流的正方向，变流器两端有功功率的关系可表示为

$$P_r = P_g + P_{dC} \tag{2-50}$$

其中：

$$\begin{cases} P_r = u_{rd}i_{rd} + u_{rq}i_{rq} \\ P_g = u_{gd}i_{gd} + u_{gq}i_{gq} \\ P_{dC} = u_{dC}i_{dC} = -Cu_{dC}\dfrac{\mathrm{d}u_{dC}}{\mathrm{d}t} \end{cases}$$

整理式(2-50)可得直流环节的数学模型方程为

$$C\frac{\mathrm{d}u_{dC}}{\mathrm{d}t} = (u_{gd}i_{gd} + u_{gq}i_{gq}) - (u_{rd}i_{rd} + u_{rq}i_{rq}) \tag{2-51}$$

2.8.3　双馈风力发电机组网侧变流器控制模型

与双馈风力发电机组的转子侧变流器相同，网侧变流器采用电压外环和电流内环双环控制策略，其中，电压外环用于控制 DC-Link 电压，电流内环用于控制功率因数和功率。

网侧变流器同步旋转坐标系下的数学模型为

$$\begin{cases} \upsilon_d = -L\dfrac{\mathrm{d}i_{gd}}{\mathrm{d}t} - Ri_{gd} + \omega_1 Li_{gq} + u_{gd} \\[3mm] \upsilon_q = -L\dfrac{\mathrm{d}i_{gq}}{\mathrm{d}t} - Ri_{gq} - \omega_1 Li_{gd} + u_{gq} \\[3mm] C\dfrac{\mathrm{d}u_{dC}}{\mathrm{d}t} = i_d - i_L \end{cases} \qquad (2-52)$$

式中：

u_{gd}、u_{gq}——电网侧电压的 d 轴、q 轴分量。

i_{gd}、i_{gq}——电网侧电流的 d 轴、q 轴分量。

υ_d、υ_q——变流器交流侧电压的 d 轴、q 轴分量。

由式(2-52)可知，变流器交流侧电压不仅与输入端电流有关，还与网侧交流电压有关。并且，PWM 变流器交流侧 d、q 轴电压 υ_d、υ_q 与输入端 d、q 轴电流分量有关，同时又与电网电压 u_{gd}、u_{gq} 有关，也即 d 轴与 q 轴的变量没有完全解耦。式(2-52)中的 $\omega_1 Li_q$、$-\omega_1 Li_d$ 为交叉耦合项。u_{gd}、u_{gq} 为电网电压扰动项。与转子侧方程类似，可以借助相应的电压前馈补偿项消除其扰动的影响，引入的交叉耦合项和前馈补偿项可通过下式表示：

$$\begin{cases} \upsilon_d^* = -\upsilon_{d1} + \omega_1 Li_{gq} + u_{gd} \\[3mm] \upsilon_q^* = -\upsilon_{q1} - \omega_1 Li_{gd} + u_{gq} \\[3mm] \upsilon_{d1} = \left(k_p + \dfrac{k_i}{s}\right)(i_{gd}^* - i_{gd}) \\[3mm] \upsilon_{q1} = \left(k_p + \dfrac{k_i}{s}\right)(i_{gq}^* - i_{gq}) \end{cases} \qquad (2-53)$$

式中：

υ_{d1}、υ_{q1}——经 PI 调节器输出的交流侧电压 d、q 轴分量。

k_p、k_i——PI 控制器增益系数。

υ_d^*、υ_q^*——PWM 变流器交流侧电压 d、q 轴分量的参考值。

i_{gd}^*、i_{gq}^*——PWM 变流器交流侧电流 d、q 轴分量的参考值。

用式(2-53)的 υ_d^*、υ_q^* 代替式(2-52)中的 υ_d、υ_q，可得

$$\begin{cases} L\dfrac{\mathrm{d}i_{gd}}{\mathrm{d}t} = \left(k_p + \dfrac{k_i}{s}\right)(i_{gd}^* - i_{gd}) - Ri_{gd} \\[3mm] L\dfrac{\mathrm{d}i_{gq}}{\mathrm{d}t} = \left(k_p + \dfrac{k_i}{s}\right)(i_{gq}^* - i_{gq}) - Ri_{gq} \end{cases} \qquad (2-54)$$

采用电网电压定向控制策略，假设同步旋转坐标下的 d 轴准确定向与电网电压空间矢量方向相同；则约束条件可表示为

$$\begin{cases} u_{gd} = u_s \\[2mm] u_{gq} = 0 \end{cases} \qquad (2-55)$$

网侧 PWM 变流器向电网馈送（或吸收）的有功功率 P_g、无功功率 Q_g 分别为

$$\begin{cases} P_\mathrm{g} = \dfrac{3}{2}(u_{\mathrm{g}d}i_{\mathrm{g}d} + u_{\mathrm{g}q}i_{\mathrm{g}q}) = \dfrac{3}{2}u_\mathrm{s}i_{\mathrm{g}d} \\[2mm] Q_\mathrm{g} = \dfrac{3}{2}(u_{\mathrm{g}q}i_{\mathrm{g}d} - u_{\mathrm{g}d}i_{\mathrm{g}q}) = -\dfrac{3}{2}u_\mathrm{s}i_{\mathrm{g}q} \end{cases} \tag{2-56}$$

式（2-56）中：

$P_\mathrm{g} > 0$ 意味着变流器工作状态为整流，变流器从电网吸收有功功率，相当于亚同步状态。

$P_\mathrm{g} < 0$ 意味着变流器工作状态为逆变，变流器向电网馈送有功功率，相当于超同步状态。

$Q_\mathrm{g} > 0$ 意味着变流器对于电网呈感性，从电网吸收无功功率。

$Q_\mathrm{g} < 0$ 意味着变流器相对于电网呈容性，从电网吸收无功功率。

将式（2-55）代入式（2-56），d、q 轴电压可表示为

$$\begin{cases} v_d^* = -v_{d1} + \omega_1 L i_{\mathrm{g}q} + u_\mathrm{s} \\[2mm] v_q^* = -v_{q1} - \omega_1 L i_{\mathrm{g}d} \\[2mm] v_{d1} = \left(k_\mathrm{p} + \dfrac{k_\mathrm{i}}{s}\right)(i_{\mathrm{g}d}^* - i_{\mathrm{g}d}) \\[2mm] v_{q1} = \left(k_\mathrm{p} + \dfrac{k_\mathrm{i}}{s}\right)(i_{\mathrm{g}q}^* - i_{\mathrm{g}q}) \end{cases} \tag{2-57}$$

式（2-57）为网侧变流器的数学模型，其对应的详细控制框图如图 2-16 所示。

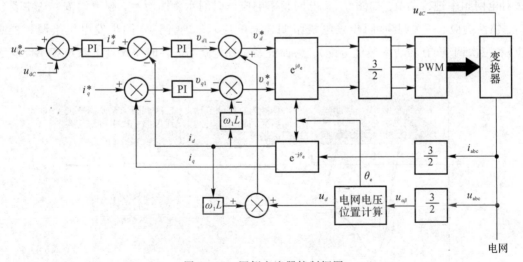

图 2-16 网侧变流器控制框图

第三章　电网频率控制技术

3.1　概　　述

　　电网频率是电能质量的三大指标之一，与电力系统中发电装备的安全、电力用户的稳定及电力系统的高效运行紧密相关[14]。我国电网的额定频率为 50 Hz(美国、韩国等国家为 60 Hz)。受时变负荷的影响，电网频率不能时刻维持在 50 Hz。根据国家标准GB/T 15945—1995，电网频率控制在(50±0.2 Hz)范围内可视为稳定运行[15]。在不考虑可再生能源并网的情况下，同步发电机组输入功率与输出功率之间的不平衡是导致系统频率变化的根本原因。在受到扰动影响后，为维持有功功率平衡，电力系统在不同时间尺度上采用不同的方法对电网频率进行调节。如图 3-1 电网频率响应—时间示意图所示，频率调节方法主要包括：惯性响应、一次调频(同步发电机组调速器响应)、二次调频(同步发电机组调频器响应)和三次调频(有功功率最优分配)。为保证系统稳定运行，各时间尺度上系统频率控制之

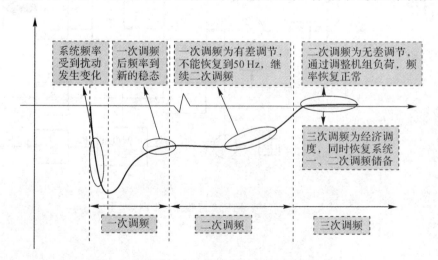

图 3-1　扰乱后电网频率响应—时间尺度示意图

间的功能相辅相成[14]。惯性响应为同步发电机组的固有响应，该响应的强弱取决于系统惯性常数，其目的是阻止频率变化以及为一次调频控制器启动提供响应时间。一次调频又称为一次频率响应，是同步发电机组与负荷对电网频率突变做出的自动响应，主要针对变化周期短、变化幅度小的系统负荷分量引起的频率变化。二次调频又称为二次频率响应，其目的是通过调节具有二次频率响应备用的同步机组输出功率来消除电网频率误差以及恢复一次调频备用，主要针对变化周期较长、变化幅度较大的负荷波动。三次调频通过有功功率最优分配进行经济调度，主要针对变化缓慢、幅度大的负荷波动。

3.2　惯　性　响　应

电力系统惯性常数可以反映其阻止系统频率变化的能力，换句话说，就是电力系统惯性常数的大小可以体现系统频率变化的快慢。在电力系统发生扰乱后(例如同步机脱机、负荷投切等)，同步发电机组快速地向电网中注入有功功率或吸收有功功率，从而造成电网频率下降或上升，为传统发电机组的一次调频控制器启动提供响应时间，阻止电网频率变化，该过程称之为同步发电机组的惯性响应。

3.3　电力系统的一次调频

电力系统一次调频是根据负荷与同步发电机组的静态频率特性来响应电网频率变化的。如图 3-2 所示，图中直线 P_{SG} 为发电机组原动机的频率特性曲线，直线 P_L 为负荷频率特性曲线。P_{SG} 与 P_L 交点 O 是电力系统有功功率平衡点，即原始稳态运行点，意味着发电功率与用电负荷平衡，此时电网频率为 50 Hz。当系统中发生扰动时，在 O 点负荷突然增加 ΔP_L，即负荷由负荷频率特性曲线处上移 ΔP_L 至 P_{L1} 处，由于同步发电机组调速器装置来不及调整原动机的功率特性曲线，因此保持不变。此时系统的发电量小于负荷的有功需求，导致电网频率下降。根据同步发电机组和负荷的有功功率—频率静态特性，其中，同步发电机组的输出功率根据频率减少而增加，负荷的消耗量根据频率的降低而减少，工作点由 O 点移至准稳态运行 O' 点，对应的电网频率为 f_1，此时电网频率小于工频，存在频率偏差。

一次调频的主要任务是：在保证机组安全的前提下，按照电网频率控制要求，快速地改变同步发电机组的功率，响应系统频率变化，促使电网稳定。如图 3-3 所示，一次调频可视为一个一阶惯性环节，所有同步机组的有功功率均与电网频率变化量有关。此外，一次调频控制器的死区阈值、速度变动率、投运的负荷范围、变负荷的最大幅度以及动作的动态指标均能影响一次调频性能。虽然一次调频是电力系统的重要控制策略，然而一次调频为有差调节，电力系统不能单独依靠一次调频来实现电网频率的无差调节。为恢复电网.频率至工频以及一次调频备用，系统必须启动二次频率调整策略。

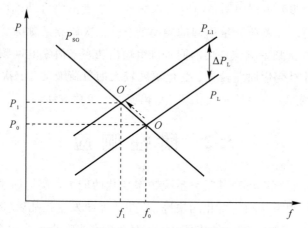

图 3-2　同步发电机组一次调频控制示意图

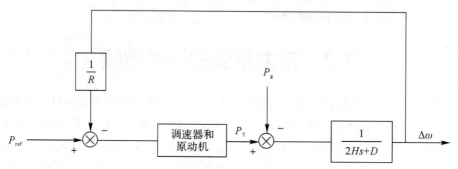

图 3-3　同步发电机组一次调频控制传递函数

3.4　电力系统的二次调频

为恢复电力系统频率至额定频率，系统必须启动二次频率控制，其本质是移动同步发电机组的功率—频率特性曲线，从而改变同步机组的有功功率，实现供需平衡。图 3-4 给出了二次频率调节特性曲线。同步发电机组参与一次调频后，系统稳定于 O' 点，当系统启动二次调频时，发电机组功率—频率特性曲线为 P_{SG2}，电力系统的发电功率大于用电负荷，因此电网频率上升，直至发电功率与用电负荷重新平衡，同时工作点由 O' 点移至准稳态运行 O'' 点，此时电网频率为额定频率。

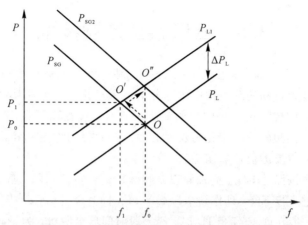

图 3-4 同步发电机组二次调频控制示意图

图 3-5 给出了具有二次调频策略的传递函数模型，受制于能量转换过程中的时间问题，二次调频响应的时间比一次调频慢得多，大约为 30 s~15 min，因此，二次调频的控制对象不是变化快速、随机波动的负荷，而是分钟级别乃至更长周期的负荷波动。

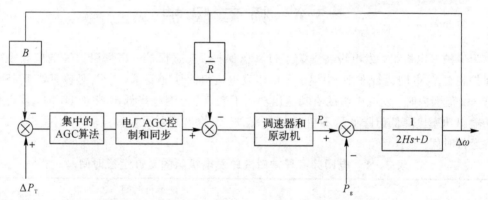

图 3-5 同步发电机组二次调频控制传递函数模型

同步发电机组二次调频控制的主要作用及特点为：

（1）可以实现频率的无差调节。

（2）二次调频与一次调频的响应时间不同，二次调频开始发挥作用时，一次调频的作用逐步消失，因此，在系统发生大扰动时二者的协同控制可有效地恢复系统频率。

（3）二次调频可恢复一次调频备用。

（4）二次调频使同步机组偏离经济运行点，该问题需要三次调频解决。

3.5 低频减载控制技术

在发生低频故障后，当同步发电机组的一次调频和二次调频策略不能阻止频率下降时，则由低频减载装置自动切除电网中的部分负荷来制止电网频率继续下降，这称为自动低频减载控制技术。该技术是一种"迫不得已"的选择，应在满足电网频率要求的前提下，尽可能地少切负荷。低频减载装置是分级动作的，按照提前设定的轮次分级切掉负荷，次要的负荷优先切除，重要的负荷后切除。

低频减载装置可按照基本轮、附加轮以及特殊轮进行负荷切除。基本轮响应速度快，主要目的是制止频率进一步下降，动作频率为 49.0 Hz，同时延时 0.5 s。考虑到 300 MW 以上同步机组的频率保护一般在低于 47.5 Hz 时，经一段时间后会脱机，为了防止大机组跳闸加重事故严重程度以及范围，附加轮减载动作频率设为 47.5 Hz，延时 0.5 s。特殊轮在基本轮后动作，目的是防止电网频率长时间处于基本轮减负载频率范围内，并且尽快地恢复电网频率，特殊轮动作频率分别为 49.0 Hz 和 48.5 Hz，同时具有较长的延时时间20 s[14]。

3.6 频率保护

为保护发电机组，发电设备安装了过励磁保护、失磁保护、高频保护等响应频率变化的保护装置。《电网运行准则》中提出了同步发电机组的性能要求，当电网频率处于48.5～50.5 Hz 范围内时，发电机组的有功输出功率不变，当电网频率低于 48.0 Hz 时，发电机的有功输出功率应降低但降低量不超过 5%。表 3-1 给出了电网频率异常时汽轮发电机组的允许运行时间[14]。

表 3-1　电网频率异常时汽轮发电机组的允许运行时间

电网频率范围/Hz	允许运行时间	
	累计时间/分	每次时间/秒
51.0～51.5	>30	>30
50.5～51.0	>180	>180
48.5～50.5	连续运行	
48.5～48.0	>300	>300
48.0～47.5	>60	>60
47.5～47.0	>10	>20
47.0～46.5	>2	>5

3.7　电网频率的影响

电网频率是电能质量和电力系统安全运行的重要指标之一，同时也是电力系统稳定运行的重要控制参数。当电力系统的总有功功率与总负荷需求（包括线损）不平衡时，电力系统的频率就要发生变化，例如电力系统的有功功率盈余时，电网频率增加；反之，电网频率会下降。电力系统的负荷是经常发生变化的，任何一处的负荷发生变化，都会引起全系统的有功功率不平衡，从而导致电力系统频率的变动。电网频率偏差不利于电力系统安全、稳定、可靠、经济地运行，甚至会影响产品质量，损害电网中运行的设备，严重时会造成电力系统崩溃。因此，电网频率与发电、供电设备本身的效率和安全以及网中的用电设备有着密切的联系。下面将简单介绍频率波动对用电设备及发电设备的影响。

根据《Emergency and standby power Systems for Industrial and Commercial Applications》（IEEE Std 446－1995）规定，大部分用电设备承受电网频率波动的最大极限为±0.5Hz[16]。然而，随着科技的进步与社会的发展，部分精密加工设备以及新型电子设备对电网频率波动提出了更严格的要求。

电网的高频运行是因为发电设备的有功功率高于额定频率下负荷消耗的有功功率，属于一种异常工作状态。当电网频率超出正常运行允许上限值时，同步机组的超速现象将十分危险，这主要是因为若转速超出额定转速的10%以上，转子上的叶片和线圈就有可能被甩出，同步发电机组的定子也可能受到过电压的影响而损坏，电网中的电动机也会受到类似的影响。

电网频率下降会导致励磁机的转速降低，在励磁电流一定的情况下，发电机组发出的无功功率会随着电网频率下降而降低。当电网频率降低至45.0～46.0 Hz时，系统的电压将会受到严重的影响，进而加大电力系统崩溃的可能性。通常情况下，一台或多台关键同步发电机组脱机会造成电网频率低至45.0～46.0 Hz，所以电网中的局部扰乱可能演变成整个电网的问题。因此，保证电网频率的稳定是电力系统安全运行的重要任务之一。

第四章 规模化风力发电并网对电网频率的影响

4.1 风力发电渗透率

风力发电渗透率、电力系统的规模以及电力系统的源网荷结构决定了风力发电并网对电力系统的影响。20 世纪初期，由于风力发电技术不成熟，多采用恒速恒频风力发电机组，此外，由于电力系统中的风力发电渗透率小，所以给电力系统带来的不利影响不明显，通常不考虑风力发电的物理特性对电网的影响，只简单地将风功率作为净负荷处理。随着电力系统中的风力发电渗透率日益增加，风力发电并网对电力系统的影响越来越显著，人们开始对其进行深入研究。

基于电力系统的经济效益、运行、规划等不同的情况与用途，可以对风力发电渗透率做以下三种定义[1]：

(1) 风力发电电量渗透率(wind energy penetration)，用于描述该电网或该区域在某时间段内风力发电机组年发电量占电网年用电量的比重，具体的表达式为

$$风力发电电量渗透率(\%) = \frac{风力发电机组年发电量(TWh)}{年用电量(TWh)} \times 100\% \quad (4-1)$$

(2) 风力发电装机容量渗透率(wind power capacity penetration)，用于描述该电网或该区域风力发电机组或风力发电场的总装机容量占系统最大负荷的比重，具体的表达式为

$$风力发电装机容量渗透率(\%) = \frac{风力发电机组总装机容量(MW)}{系统最大负荷(MW)} \times 100\%$$

$$(4-2)$$

(3) 风力发电功率渗透率(wind power penetration)，用于描述该电网或该区域风力发电机组或风力发电场的实际输出功率占该电网或该区域功率需求的比重，具体的表达式为

$$风力发电功率渗透率(\%) = \frac{风力发电输出功率(MW)}{系统负荷 + 区域间交换功率(MW)} \times 100\% \quad (4-3)$$

4.2　电网事故中的频率问题简析

如第三章所介绍，电网频率的异常会严重影响发电机组等的正常工作，已发生的多起电网大事故均导致电网频率超出安全运行范围，而进一步恶化电网事故，因此对典型事故的发展过程及其原因进行分析与总结有助于减少频率失稳造成的安全隐患。下面将借助2019 年英国电网事故以及我国锦苏直流双极闭锁事故，进行事故频率问题简析。

4.2.1　英国"8·9"电网事故

2019 年 8 月 9 日，英国当地时间 16:54 左右，英国威尔士地区发生大规模停电事故，该事故源于雷击引起线路停运以及后续诱发的一系列同步机组停机、分布式电源以及新能源机组脱网事故，且造成电网出现突发的大功率缺额，超出了英国电网规定的稳定运行范围。电网频率的大幅度下降最终也触发了电力系统低频减载动作的实施，最终导致区域大规模停电，部分公路和铁路停运，对居民生活、社会活动和工业生产造成了极大的负面影响。表 4-1 给出了英国电网事故过程中的关键事件[17]。

表 4-1　英国"8·9"电网事故过程中的关键事件

序号	时序	事件	后　果
1	16:52:33.490	雷击导致线路短路并跳闸	分布式电源脱网 150 MW
2	16:52:33.728～ 16:52:33.835	霍恩风力发电场功率下降	风力发电场损失有功功率 737 MW
3	16:52:34	小巴福德蒸汽机意外跳闸	小巴福德损失有功功率 244 MW，分布式电源脱网损失有功功率 350 MW
4	16:52:58～ 16:53:18	电网频率定时下降并回升	频率在 49.1 Hz 停止下降，频率响应装置累计有功功率 900 MW，频率恢复至 49.82 Hz
5	16:53:31	小巴福德一台燃气机组停机	损失有功功率 210 MW
6	16:53:58	小巴福德另一台燃气机组停机	损失有功功率 187 MW

针对英国电网事故总体来说，大规模分布式电源脱网、霍恩海上风力发电场意外脱网以及小巴福德电站的燃气轮机非预期连续停机是本次事故的主要原因，累计有功功率缺额约为 1878 MW，超过了电网允许的最大扰动（1000 MW），因此超出了系统频率调节的能力，最终造成频率大幅下降，触发了系统低频减载动作。

根据英国"8·9"电网事故的基本情况，分析事故过程中的主要问题如下：

(1) 分布式电源保护配置不合理。本次事故中，分布式电源并未实现孤岛运行，先后失去 150 MW 和 350 MW 的分布式电源。因此，如果分布式电源的保护措施配置合理，可以降低事故的严重程度。

(2) 霍恩海上风力发电场并网技术不足。本次事故中，受事故影响风力发电场接入的电网变为弱电网，产生了短时 10 Hz 左右的亚同步振荡，风力发电场与主电网之间产生大量无功功率交换，电压最低跌落至 20 kV，受机组过流保护动作的影响，几乎整个风力发电机群脱网，损失 737 MW 有功功率。事故说明风力发电场的无功功率调节、抗扰动能力存在不足。

4.2.2 我国"9·19"锦苏直流双极闭锁事故

2015 年 9 月 19 日 21:58:02，华东电网发生锦苏直流双极闭锁事故。故障前，华东电网通过直流输电接收功率总量约为 25.7 GW，其中锦苏直流输送功率为 4.9 GW，电网频率为 49.97 Hz，华东电网的总负荷约为 138 GW，同步机旋转备用约为 52 GW。锦苏直流双极闭锁故障发生后，造成华东电网损失约 4900 MW 有功功率，12 s 后系统频率跌落至 49.56 Hz，造成了约 0.41 Hz 的频率偏差，随后系统频率处于低于 49.8 Hz 的状态下长达 221 s。最后经过华东电网的紧急调度以及区域控制偏差，约 4 min 后电网频率恢复至 50.0 Hz[18]。事故过程中，电网频率变化的主要原因是频率偏移大以及频率控制响应慢。

如文献[19]中叙述，根据锦苏直流双极闭锁事故和华东电网的基本情况，分析事故过程中的主要问题如下：

(1) 同步发电机组的一次调频能力不足。同步发电机组的一次调频为电网调频的主要手段之一，锦苏直流双极闭锁过程中，若同步机组按照理想的一次调频动作(一次调频的死区阈值为 0.033 Hz，调差系数为 5%)，理论上估计华东电网频率的最大跌落为 0.093 Hz。然而，实际电网频率变化与理想情况差距巨大，事实说明华东电网同步发电机组的一次调频能力不足。

(2) 同步发电机组的二次频率响应慢。电网频率恢复的速度取决于同步发电机组的二次频率响应。然而，该事故中系统长时间处于较低频率状态，这表明，同步发电机组的二次频率响应未动作。如果二次频率响应及时启动，系统频率偏差会减小，同时会更快地恢复到稳定状态。

为研究系统在有功功率缺额情况下电网频率的特性，冀北电科院刘辉等研究学者统计了 2009 至 2017 年期间我国电网中发生的较严重的频率扰动事件，如表 4-2 所示。在研究分析有功功率缺额比例与系统频率波谷值的关系时，可以清晰地发现：当有功功率缺额较小(即小于 3%)时，系统频率降低值与有功功率缺额值几乎成正比关系，1% 的有功功率缺额将致使系统频率波谷值下降约 0.08 Hz，此外，系统频率波谷值出现的时间在扰乱发生后的 10.0 s 之内；当有功功率缺额较大时，单位有功功率缺额造成的系统频率波谷点下降越发严重，系统频率最低点出现的时间越晚并且超出 10.0 s。

表 4 - 2　我国电网事故造成的频率波动事件

日期	扰动事件	功率缺额/MW	频率最低值/Hz	最低频率时间
2009.04.05	邹县电厂♯7 机组跳闸	920	49.928	故障后 6 s
2009.05.15	三峡 2 台机组跳闸	1400	49.916	故障后 4.5 s
2009.07.23	三峡 3 台机组跳闸	1950	49.900	故障后 4 s
2015.07.13	宾金直流闭锁	3685	49.808	故障后 11 s
2015.09.19	锦苏直流闭锁	4900	49.560	故障后 13 s
2015.10.20	宾金直流闭锁	3709	49.768	故障后 13 s
2016.05.06	银东直流闭锁	1720	49.932	故障后 6 s
2016.06.17	锦苏直流闭锁	3066	49.872	故障后 9 s
2016.08.02	宾金直流闭锁	3703	49.889	故障后 7 s
2017.03.31	灵绍直流闭锁	2636	49.887	故障后 11 s
2018.05.27	灵绍直流闭锁	2283	49.903	故障后 15 s
2017.07.02	宾金直流闭锁	2343	49.917	故障后 12 s

4.3　大规模风力发电并网对电网频率的影响

众多学者以我国西北电网和东北电网为例，对比了风力发电场有功功率有无的两种情况下最大频率偏差，结果证明了在同样扰动下，系统存在风力发电场时频率动态响应更差[21]。文献[22]落脚于美国西部电网实际运行数据，仿真分析了不同可再生能源发电占比下电网的频率响应过程。仿真实验结果表明，更高的可再生能源占比下，在同样的有功功率扰动下，电网频率的最大变化率、频率最大偏差、准稳态频率偏差等指标表现更差。此外，研究学者对美国德克萨斯州电网两次频率事故过程的研究分析指出，可再生能源接入带来的系统惯性下降是加大频率跌落的主要原因。因此，大规模电力电子接口接入电力系统对系统惯量的负面影响已经成为现实中不可逃避的挑战。下面将立足于双馈风力发电机组对惯性响应、一次调频以及二次调频的影响进行逐一分析。

4.3.1　双馈风力发电机组对惯性响应及一次调频响应的影响

规模化风力发电并网势必替代部分传统同步发电机组。由于双馈风力发电机组采用了电力电子变流器设备，因而可以在实现有功功率与无功功率解耦控制的同时，使得变速风力发电机组的转速与电网频率完全解耦。在扰乱期间，双馈风力发电机组无法像同步机组一样提供惯性响应，因此，双馈风力发电机组固有的惯量对电网变为一个"隐含惯量"，无法帮助电网遏制电网频率变化。通常同步发电机组的典型惯性常数为 $2\sim9$ s，风力发电机组的惯量由发电机组转子和风力机组成，典型惯性常数范围为 $2\sim6$ s，规模化变速风力发电机组并网后，势必导致电网惯量降低。扰乱初期，电网频率的变化率会很大，严重时可能触发孤岛运行保护措施。

同步发电机组工作在额定同步角速度下时，发电机组转子存储的动能与机组额定容量之比为

$$H_{sys} = \frac{E_{SG}}{S_{SG}} = \frac{1}{2S_{SG}} J_{SG} \omega_{e\text{-}SG}^2 \tag{4-4}$$

式中：

H_{sys}——电力系统惯性常数。

S_{SG}——同步发电机组的额定容量。

类似于式(4-4)，风力发电机组中转子存储的动能 E_{DFIG} 为

$$E_{DFIG} = \frac{1}{2} J_{DFIG} \omega_r^2 \tag{4-5}$$

式中：

J_{DFIG}—— 风力发电机组转动惯量。

ω_r——风力发电机组的转速。

由式(4-4)可进一步推导出含风力发电并网的电力系统惯性常数为

$$\begin{aligned} H_{sys\text{-}tol} &= \sum_i^{i=m} \frac{1}{2S_{SG,i}} J_{SG,i} \omega_{e\text{-}SG}^2 + \sum_j^{j=n} \frac{1}{2S_{DFIG,j}} J_{DFIG,j} \omega_r^2 \\ &= \frac{\sum_i^{i=m} \frac{1}{2} J_{SG,i} \omega_{e\text{-}SG}^2 + \sum_j^{j=n} \frac{1}{2} J_{DFIG,j} \omega_r^2}{S_{SG,i} + S_{DFIG,j}} \end{aligned} \tag{4-6}$$

式中：

$H_{sys\text{-}tol}$——计及风力发电并网的电力系统惯性常数。

m 和 n——电网中同步机组和风力发电机组的台数。

$J_{SG,i}$ 和 $J_{DFIG,j}$—— i 台同步机组和 j 台风力发电机组的转动惯量。

$S_{SG,i}$ 和 $S_{DFIG,j}$—— i 台同步机组和 j 台风力发电机组的额定容量。

式(4-6)中，若双馈风力发电机组无法提供惯性响应，则分子中的第二个多项式为零，因此，式(4-6)中的分子变小，分母变大，进而电网惯性常数减少。

为使风力发电场的发电效益最大，通常情况下风力发电机组工作在最大功率追踪状

态，因此，风力发电机组不具备备用容量，无法为电网提供一次频率响应。规模化风力发电并网的同时，常规同步发电机组被代替，电力系统的单位调节功率能力降低，进而增加了系统的最大频率偏差，如图 4-1 所示。

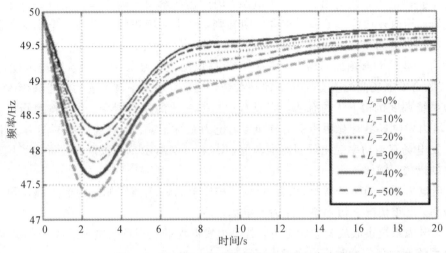

图 4-1　不同风力发电渗透率下电网频率变化

双馈风力发电机组采用的电力电子设备具有高可控性，即可使风力发电机组具有潜在的电网频率支撑能力。为解决或缓解规模化风力发电并网引起的频率稳定性问题，相关研究通过在双馈风力发电机组的变流器中增加对风力发电机组有功功率的附加控制，从而模拟出同步发电机组的惯性响应和一次调频响应，进而为电网提供调频能力，具体介绍见第五章。

4.3.2　风力发电并网对系统二次调频的影响

电力系统在实际运行中，由于风功率不能准确地被预测，存在较大的误差，将导致系统频率波动，因此需要更多的用于二次调频的备用容量。随着风力发电机组以及其他类型可再生能源规模化并网，对二次调频的备用容量需求增加，以及需要更多爬坡能力强的常规机组。然而，电力系统的二次调频备用容量有限，如果为减少频率波动而盲目地增加二次调频备用容量以及增加爬坡能力强的常规机组，这样不利于电力系统的经济运行。此外，在高风力发电渗透率的场景下，风力发电机组有功功率的波动造成电网频率的波动，影响电网的电能质量以及对频率敏感的用电设备，严重时会导致风力发电机组切机，进一步加重扰动的严重性，进而危害整个电网的运行安全。因此，规模化风力发电并网后，迫切需要对传统二次调频策略进行改进与升级，进而有效地促进风功率消纳。

4.4 电网导则概述

风能是我国电力系统的第三大主力电源，因此需要解决大规模风力发电并网带来的系统调频问题。国内外均颁布了一些风电并网导则，其中明确规定了风力发电场应提供惯性响应或一次调频能力。

2012 年，我国颁布国标 GB/T 19963—2011《风力发电场接入电力系统技术规定》，其中提出："风力发电场应配置有功功率控制系统，具有有功功率调节能力；能够接收并自动执行电力系统调度机构下达的有功功率及有功功率变化的控制指令，并且按照指令进行相应调节；风力发电场具有有功功率调节和参与电力系统调频、调峰和备用的能力。"同时给出了风力发电场有功功率变化限制的推荐值，如表 4-3 所示[23]。该规定还提出了风力发电场紧急控制措施，例如：

（1）当电力系统的频率高于 50.2 Hz 时，按照电力系统调度部门的要求降低风力发电场有功功率，严重情况下切除整个风力发电场。

（2）在电力系统事故或紧急状态下，若风力发电场的运行危及电力系统安全稳定运行，允许电力系统调度部门暂时将风力发电场切除。

表 4-3 正常运行情况下风力发电场有功功率变化最大极值

风力发电场装机容量/台	10 min 有功功率变化最大极值	1 min 有功功率变化最大极值
<30	10	3
30～150	装机容量/3	装机容量/10
>150	50	15

然而，该规定对在大扰乱发生后风力发电场如何为电网提供频率响应，并未作出明确的规定。

基于国标 GB/T 19963—2011，2019 年国标 GB/T 36994—2018《风力发电机组电网适应性测试规程》颁布，其中规定：在风力发电机组的有功功率大于 20% 额定功率的情况下，当测试点频率变化率超过阈值时，风力发电机组应能响应系统的频率变化，其要求：

（1）有功功率响应时间应不大于 500 ms，最大可用有功功率调节量不宜小于 $10\% P_n$。

（2）功率恢复过程中，有功功率最小值（最大值）与频率变化前有功功率之差不宜大于 $5\% P_n$。

（3）功率控制误差不宜超过 $2\% P_n$。

当测试点频率偏差超过阈值时，风力发电机组应能参与系统调频，支撑系统频率恢复，其要求：

（1）当系统频率下降时，风力发电机组应根据调频曲线快速增加有功功率，增加至目标值或有功功率上限。

（2）当系统频率上升时，风力发电机组应根据调频曲线快速地减少有功功率，减小至目标值或有功功率下限。

（3）系统频率恢复后，风力发电机组有功功率不应低于故障前的有功功率水平。

（4）风力发电机组有功调节控制误差不应超过 $2\%\ P_n$，响应时间不大于 5 s；控制系数宜在 5~20 范围内，推荐有功上调系数为 10，有功下调系数为 20[24]。

除此之外，电力行业标准 DL/T 1870—2018《电力系统网源协调技术规范》中提出风力发电机组应具备一次调频功能，并网运行时一次调频功能始终投入并确保正常运行，同时对风力发电机组一次调频的各项指标提出了要求[25]。

国外的 Eltral&Elkraft、Scotland、ESBNG、E.ON、NECA、SGCC 等相关导则均要求风电场必须提供有功功率调节、响应电网频率变化的能力。表 4-4 给出了各国对风电场频率控制的要求。[26-30]

表 4-4　各国并网导则对电网频率的要求

	电网频率/Hz								
	44.5	47	47.5	48	49	50	50.5	53	55
Eltral&Elkraft	94%	>10 s	>5min 96%		98% >25 min	99.4%	电压 106%~110% 1h 电压 85%~90% 1h	102% 持续运行 100.6%　> 1 min	0.2 s 跳开
Scotland	94% 最大	20 s 95%	100.8% 持续运行				104%每 0.1Hz 功率减少 2%		最大 1 s 跳开
ESBNG	94%	20 s	99%60 min				101%持续运行	104% 60 min	
E.ON	95% 快速自动跳开		10min 96%	20min 97%	30min 98%	99%	101%持续 运行	104% 每 0.1 Hz 功率减少 4%	快速自动 跳开
NECA	94% 0.4 s 跳开		99%每 0.1 Hz 功率减少 2% （功率初始大于 85%）			4 min 98%	持续 运行	104%每 0.1 Hz 功率减少 2% （初始功率大 于 85%）	0.4 s 跳开
SGCC	98% 风电机组决定是否运行				99%> 10min	持续 运行	100.4% 持续 运行	102% >2min 无机 组启动	逐步退出 运行或由 调度限功 率运行

第五章　双馈风力发电机组的短期频率控制策略

5.1　概　　述

　　电力系统中同步发电机的原动机直接与电网相连，因此电网频率由同步发电机的转子转速决定。风力发电机组的原动机通过电力电子设备与电网相连，换流器两端的风力发电机组的输入机械功率与电网侧输出电磁功率解耦，无法通过转子释放或吸收能量响应电网频率变化。大规模风力发电并入电力系统对电网频率稳定性的负面影响已经成为现实中不可逃避的挑战。国内外研究学者指出双馈风力发电机组转速的安全运行范围是同步发电机转速范围的6倍，其可释放的旋转动能是同步发电机的5.25倍，因此，与常规同步发电机相比，风力发电机组具有惯性大、转速范围宽广的优点，且风力发电机组具有更强的调频潜力[31]。

5.2　双馈风力发电机组的频率控制

　　由旋转动能计算公式可知，双馈风力发电机组的可释放与可存储能量可表示为

$$\Delta E_{\text{ST-DFIG}} = \frac{1}{2} J_{\text{DFIG}} \omega_{\max}^2 - \frac{1}{2} J_{\text{DFIG}} \omega_{\text{r}}^2 \tag{5-1}$$

$$\Delta E_{\text{RE-DFIG}} = \frac{1}{2} J_{\text{DFIG}} \omega_{\text{r}}^2 - \frac{1}{2} J_{\text{DFIG}} \omega_{\min}^2 \tag{5-2}$$

式中：

　　　　$\Delta E_{\text{ST-DFIG}}$ 和 $\Delta E_{\text{RE-DFIG}}$——双馈风力发电机组的有效存储动能和有效释放动能。

　　　　$\omega_{\min}$ 和 $\omega_{\max}$——双馈风力发电机组的最低转速和最高转速。

　　图 5-1 给出了不同双馈风力发电机组转速下的 $\Delta E_{\text{ST-DFIG}}$ 和 $\Delta E_{\text{RE-DFIG}}$。如图 5-1 黑色虚线所示，双馈风力发电机组存储动能的能力随转速上升而降低。如图 5-1 黑色实线所示，双馈风力发电机组释放动能的能力随转速下降而降低。

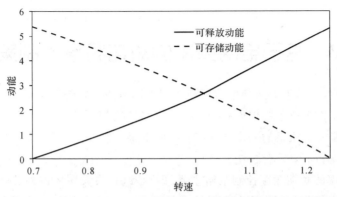

图 5-1 不同双馈风力发电机组转速下的可释放动能与可存储动能

目前，关于双馈风力发电机组的频率控制研究已经取得丰硕的成果。如文献[32]研究得出，根据风力发电机组的运行方式实现调频方法主要概括为两类：一类是双馈风力发电机组中长期频率控制，在扰乱发生前，通过超速控制、桨距角控制或超速与桨距角协同控制方法，使双馈风力发电机组工作在减载状态，获得调频用的有功功率备用，实现与常规同步发电机组类似的一次调频特性，然而双馈风力发电机组长期工作在减载状态导致风力发电经济效益受到损失，因此其控制方案具有一定的局限[33]；另一类是双馈风力发电机组短期频率控制，在扰乱发生前，风力发电机组工作在最大功率运行状态，通过释放风力发电机组旋转系统中存储的旋转动能补偿有功缺额。图 5-2 给出了短期频率控制的分类情况，其可分为基于电网频率的短期频率控制策略和基于风力发电机组旋转动能的阶跃短期频率控制策略。本章将针对各类双馈风力发电机组的短期频率控制方法的优点与缺点进行重点介绍。

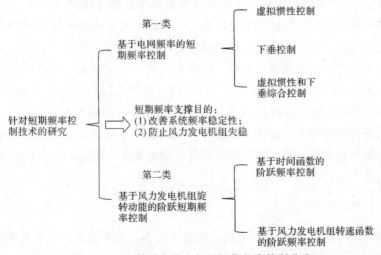

图 5-2 双馈风力发电机组短期频率控制分类

5.3 基于电网频率的短期频率控制策略

由图 5-2 可知，基于电网频率的短期频率控制方法主要包括：

(1) 模拟同步发电机组的惯性响应，即虚拟惯性控制。

(2) 模拟同步发电机组的一次频率控制，即下垂控制。

(3) 虚拟惯性和下垂综合控制。

基于电网频率的短期频率控制策略主要目的是减少最大频率偏差、降低最大频率变化率及防止风力发电机组失速。其中降低最大频率变化率的意义在于反孤岛保护；减少最大频率偏差的意义在于反低频减载保护和保护风力发电机组；防止风力发电机组失速的意义在于保护风力发电机组。下面将针对每一种方法进行详细的叙述。

5.3.1 虚拟惯性控制策略

1. 恒定控制系数的虚拟惯性控制策略

由同步发电机组的转子运动方程式可知，若同步发电机组的机械输入功率恒定，则在电网频率变化的过程中，同步发电机组电磁功率的变化量与电网频率成正比，即

$$-J_{SG} f_{sys} \frac{\mathrm{d}f_{sys}}{\mathrm{d}t} = \Delta P_{e\text{-}SG} \qquad (5-3)$$

式中：

f_{sys} 和 $\Delta P_{e\text{-}SG}$——电网频率和同步发电机组电磁功率变化量。

如同第四章所介绍，电力系统中出现扰乱后，常规发电机组通过自身固有的惯性响应阻止频率变化，然而双馈风力发电机组的机械部分与电气部分不存在耦合关系，使得双馈风力发电机组不能为电网提供频率响应，即使其具有调频能力强、惯性大及转速范围宽广等优点。如图 5-3 所示，在双馈风力发电机组转子侧变流器中附加控制回路，以电网频率变化率为输入信号，经过低通滤波和微分控制环节，最后将附加控制的输出叠加在 DFIG 的最大功率追踪控制有功参考值之上，进而向电网释放动能或从电网中吸收动能，以模拟同步发电机组的惯性响应。附加控制环节的有功功率输出 $\Delta P_{in\text{-}DFIG}$ 可用下式表示：

$$\Delta P_{in\text{-}DFIG} = -K_{in} f_{sys} \frac{\mathrm{d}f_{sys}}{\mathrm{d}t} \qquad (5-4)$$

式中：

K_{in}——微分控制环节中的比例系数，其取值大小决定了双馈风力发电机组虚拟惯性控制的调频效果。

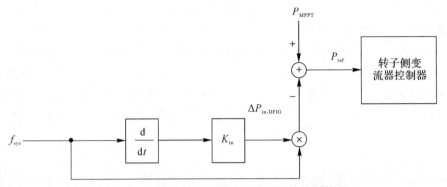

图 5-3　双馈风力发电机组的虚拟惯性控制策略

对式(5-4)求积分可得

$$\Delta P_{\text{in-DFIG}} \times \Delta t = - K_{\text{in}} \left[f_{\text{sys}}^2 (t + \Delta t) - f_{\text{sys}}^2 (t) \right] \tag{5-5}$$

瞬时电网频率 $f_{\text{sys}}(t + \Delta t)$ 可表示为

$$f_{\text{sys}}(t + \Delta t) = \sqrt{\frac{\Delta P_{\text{in-DFIG}} \times \Delta t}{- K_{\text{in}}} + f_{\text{sys}}^2 (t)} \tag{5-6}$$

从式(5-6)可以看出，在电网频率异常的情况下，双馈风力发电机组的虚拟惯性控制可对系统动态频率提供支撑，虚拟惯性控制系数越大，系统频率变化越小。

通过附加双馈风力发电机组的虚拟惯性控制，双馈风力发电机组可根据电网频率变化率模拟同步发电机组的惯性响应。例如在频率下跌场景下，根据计算的电网频率变化率快速地增加双馈风力发电机组的输出功率，补偿电网的有功功率缺额。在双馈风力发电机组参与虚拟惯性控制期间，由于双馈风力发电机组的电磁功率大于机械输入功率，因此，风力发电机组的转速下降。双馈风力发电机组模拟惯性控制的性能取决于 K_{in} 的大小，在同样的扰乱场景下，采用较大的 K_{in} 能够获得大的 $\Delta P_{\text{in-DFIG}}$，即更多的有功功率注入电网中，可以有效地阻止频率下降，但是在电网频率恢复过程中，采用大的 K_{in} 容易引起严重的频率二次跌落。此外，在电网频率变化过程中，扰乱初期频率变化率为负，在频率最低点时减少为零；在频率恢复过程中，频率变化率为正，需要从电网中吸收能量。因此，双馈风力发电机组参与的虚拟惯性控制仅仅有助于降低最大频率变化率，对频率最低点的支撑效果不明显，即该控制策略可有效地反孤岛运行保护，然而其反低频减载保护的意义不明显。此外，使用过大的 K_{in}，容易造成风力发电机组失速。

2. 基于可变控制系数的虚拟惯性控制策略

恒定控制系数的虚拟惯性控制方法虽然可以为电网提供一定的惯性支撑，然而很难整定适用于多种风速(风机转速)下的恒定系数，其原因是不同风速下双馈风力发电机组可释放的旋转动能存在差异，如式(5-1)和式(5-2)。当使用较大的 K_{in} 时，虽然在高风速时可以有效地提供惯性支持，但是在频率恢复过程中容易引起严重的频率二次跌落；在低风速时，会过度释放旋转动能，造成风力发电机组失速，同样引起严重的频率二次跌落。使用较小的 K_{in} 时，虽然可以在低风速时降低造成风力发电机组失速的可能性，以及在频率恢复过程中减少二次频率跌落，但是小的 K_{in} 减少了双馈风力发电机组对电网惯性支撑的能力。

为了缓解上述矛盾，国内外研究学者提出了基于风力发电机组有效动能的可变控制系数虚拟惯性控制方法，即控制系数与双馈风力发电机组可释放的旋转动能成正比，具体如下：

$$K_{in} = C(\omega_r^2 - \omega_{min}^2) \tag{5-7}$$

式中：

C ——微分控制环节中的控制参数，参数 C 的取值将直接影响控制系数 K_{in} 的大小，进而对电网频率支撑效果产生显著影响。一般来讲，参数 C 取值越大，控制增益越大，越有利于提高电网频率支撑效果。不过，若参数 C 取值过大，可能会导致控制增益变化过快，进而引起更大的频率偏差。实际工程中，可根据系统运行工况、控制目的和系统惯性大小综合确定参数 C 的取值。

图 5-4 给出了不同双馈风力发电机组转速下的虚拟惯性控制系数。如图 5-4 黑色实线所示，从式(5-7)可以看出，当双馈风力发电机组转速较高时，应采用较大的控制增益，反之，应采用较小的控制增益，从而在避免风力发电机组失稳的前提下，为电网惯性提供有效的支撑。

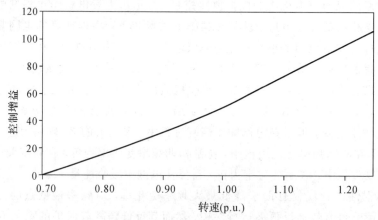

图 5-4　不同双馈风力发电机组转速下的虚拟惯性控制系数

5.3.2　下垂控制策略

1. 恒定控制系数的下垂控制策略

为使双馈风力发电机组的输出功率始终补偿电网的有功功率缺额，参照同步发电机组的一次调频方式，研究学者提出了下垂控制策略。与同步发电机组一次调频不同的是，有功功率来源不同，其中同步发电机组一次调频的有功功率来源于有功备用功率，而双馈风力发电机组下垂控制的有功功率来源于旋转的风轮。

如图5-5所示，为实现下垂控制策略，与虚拟惯性控制相似，在双馈风力发电机组转子侧变流器中附加下垂控制回路，以频率偏差为输入信号，经过高通滤波环节和比例控制环节，最后将附加控制的输出叠加在双馈风力发电机组的最大功率追踪控制有功参考值之上。下垂控制的有功功率输出 $\Delta P_{\text{dr-DFIG}}$ 计算方法具体如下：

$$\Delta P_{\text{dr-DFIG}} = - K_{\text{dr}} \Delta f_{\text{sys}} \tag{5-8}$$

式中：

K_{dr}——下垂控制环节中的比例系数，其取值大小决定了双馈风力发电机组下垂控制的调频效果。

Δf_{sys}—— 系统频率偏差。

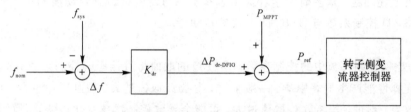

图5-5　双馈风力发电机组的下垂控制策略

此外，如果电网频率变化量超出设定的死区阈值，则风机启动下垂控制。在计算频率偏差时，不同的文献采用不同的频率基准值，具体如下

$$\Delta f_{\text{sys}} = f_{\text{sys}} - f_{\text{nom}} \tag{5-9}$$

$$\Delta f_{\text{sys}} = \begin{cases} f_{\text{sys}} - f_{\text{nom}} + f_{\text{db}}, & \Delta f > 0 \\ f_{\text{sys}} - f_{\text{nom}} - f_{\text{db}}, & \Delta f < 0 \end{cases} \tag{5-10}$$

式中：

f_{nom} 和 f_{db}——额定频率和死区阈值。

式(5-9)与式(5-10)的区别在于是否考虑死区阈值。

通过附加下垂控制策略，双馈风力发电机组可根据电网频率偏差模拟同步发电机组的一次控制响应。例如在频率下跌场景下，通过快速地增加双馈风力发电机组的输出功率，来补偿电网的有功功率缺额。在双馈风力发电机组参与下垂控制期间，与虚拟惯性控制相似，双馈风力发电机组的电磁功率大于机械输入功率，导致风力发电机组的转速下降，双馈风力发电机组向电网注入有功功率，从而响应频率变化。双馈风力发电机组下垂控制的效果取决于 K_{dr} 的设定。在同样的扰乱场景下，采用较大的 K_{dr} 能够获得大的 $\Delta P_{\text{dr-DFIG}}$，即更多的有功功率注入电网中，可以有效地改善频率最低点。但是在扰乱初期，由于电网频率偏差小，对最大频率变化率的改善不明显，因此，双馈风力发电机组的下垂控制仅仅有助于改善最大频率偏差，对最大频率变化率的改善不明显，即该控制策略可有效地反低频减载保护，但是反孤岛运行保护的意义不明显。此外，与惯性控制相似，使用过大的 K_{dr}，容易造成风力发电机组失速。

2. 基于可变控制系数的下垂控制策略

采用恒定控制系数的模拟下垂控制方法，虽然可以减少最大频率偏差，但是很难整定适用于多种风速下的恒定下垂控制系数。双馈风力发电机组采用较大的下垂控制系数 K_{dr} 时，虽然在高风速时可以有效地改善最大频率偏差，但是在低风速时，过度释放旋转动能，容易造成风力发电机组失速，从而引起严重的二次频率跌落。双馈风力发电机组采用较小的 K_{dr} 时，虽然可以在低风速时降低造成风力发电机组失速的可能性，但是小的 K_{dr} 弱化了双馈风力发电机组对电网频率的动态支撑。

为解决上述问题，众多研究学者提出了基于风力发电机组有效动能的可变控制系数下垂控制策略，即控制系数与 DFIG 的有效旋转动能成正比，具体如下：

$$K_{dr} = C(\omega_r^2 - \omega_{min}^2) \tag{5-11}$$

式中，C 为比例控制环节中的控制参数，参数 C 的取值将直接影响控制系数 K_{dr} 的大小，进而对频率支撑性能产生显著影响。一般来讲，参数 C 取值越大，控制增益越大，有利于提高频率支撑效果。不过，若参数 C 取值过大，可能会导致控制增益变化过快，进而引起更大的频率偏差。实际工程中，可根据系统运行工况、控制目的和系统惯性大小综合确定参数 C 的取值。

图 5-6 给出了不同双馈风力发电机组转速下的下垂控制系数。从式(5-11)可以看出，当双馈风力发电机组转速较高时，应采用较大的控制增益，反之，应采用较小的控制增益，从而可在避免风力发电机组失稳的前提下，有效地响应电网频率变化。

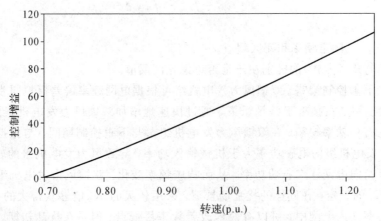

图 5-6　不同双馈风力发电机组转速下的下垂控制系数

5.3.3 虚拟惯性和下垂综合控制策略

通过上述分析可知,虚拟惯量控制与下垂控制均存在各自的优点与缺点。为解决虚拟惯性控制和下垂控制策略中的不足,众多研究学者提出了虚拟惯性和下垂综合控制策略。图 5-7 给出了虚拟惯性和下垂综合控制策略示意图。在双馈风力发电机组转子侧变流器中附加虚拟惯性控制和下垂控制回路,综合控制的有功功率输出 ΔP_{DFIG} 具体如下:

$$\Delta P_{DFIG} = \Delta P_{dr\text{-}DFIG} + \Delta P_{in\text{-}DFIG} = -K_{dr}\Delta f_{sys} - \frac{K_{in}\mathrm{d}f_{sys}}{\mathrm{d}t} \tag{5-12}$$

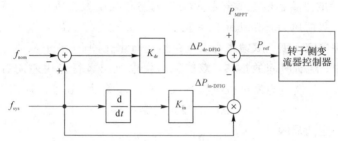

图 5-7 虚拟惯性和下垂综合控制策略示意图

通过附加虚拟惯性和下垂综合控制策略,双馈风力发电机组可模拟同步发电机组的一次控制响应和惯性响应。在扰乱初期,通过虚拟惯性响应,可以有效地降低最大频率变化率,在频率最低点附近,通过下垂控制可以有效地改善最大频率偏差,因此该控制策略可有效地反低频减载保护和反孤岛运行。此外,为了防止风力发电机组失速,不宜采用过大的控制系数。

5.4 基于风力发电机组旋转动能的
阶跃短期频率控制策略

由图 5-2 可知,基于风力发电机组旋转动能的阶跃短期频率控制策略主要包括基于时间函数的阶跃短期频率控制策略和基于风力发电机组转速函数的阶跃短期频率控制策略。基于风力发电机组旋转动能的阶跃短期频率控制策略的主要目的是减少最大频率偏差、降低最大频率变化率、防止风力发电机组失速、减少二次频率跌落及快速恢复风力发电机组转速。其中降低最大频率变化率的意义在于反孤岛保护,减少最大频率偏差的意义在于反低频减载保护,防止风力发电机组失速的意义在于保护风力发电机组,快速恢复风力发电机组转速的意义在于捕获更多的风能,为连续扰乱准备旋转动能。

5.4.1 基于时间函数的阶跃短期频率控制策略

为满足加拿大魁北克电网导则要求,文献[34]提出了附加恒定功率的阶跃短期频率控制方法，即基于时间函数的阶跃短期频率控制方法。在检测到扰乱后，双馈风力发电机组的运行方式由最大功率追踪转换至阶跃短期频率控制，因此双馈风力发电机组的有功功率由 P_{MPPT} 转换至 P_{STFS}。P_{STFS} 由两部分组成，分别为频率支撑阶段和转速恢复阶段，如图 5-8 所示。

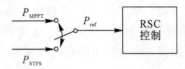

图 5-8 双馈风力发电机组的阶跃短期频频率控制策略

频率支撑阶段的主要目的是改善最大频率偏差和减小最大频率变化率。为此，在频率超出死区阈值时，双馈风力发电机组的有功功率增加至 $P_0 + \Delta P$，并在 t_{dec}（电网频率支撑时间）期间内保持恒定不变，双馈风力发电机组运行点在图 5-9 中从 A 点经 B 点至 C 点。其中，在时间域中，随着时间的推移，双馈风力发电机组运行点由左向右移动；在转速域中，由于转速下降，双馈风力发电机组运行点由右向左移动。在不同风速下，ΔP 均设定为 0.1p.u.，t_{dec} 设定为 10.0 s，因此，ΔP 的设定限制了双馈风力发电机组对系统频率动态支撑的能力，具有一定的局限性。

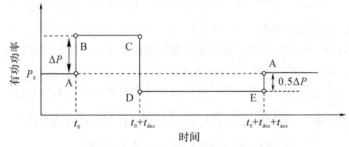

（a）时间域中的双馈风力发电机组有功参考值

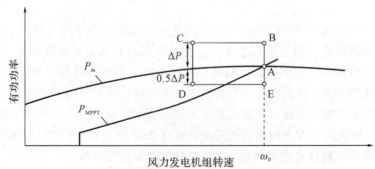

（b）转速域中的双馈风力发电机组有功参考值

图 5-9 时间域与转速域中的有功功率示意图[34]

转速恢复阶段的主要目的是恢复转子转速和减少频率二次跌落。为此，在双馈风力发电机组运行C点，有功功率下降至$P_0-0.5\Delta P$，并且在t_{acc}（转速恢复时间）期间内保持恒定，t_{acc}后双馈风力发电机组的运行方式恢复至最大功率追踪控制，双馈风力发电机组运行点在图5-9中从C点经D点和E点到A点。其中，在时间域中，随着时间的推移，双馈风力发电机组运行点由左向右移动；在转速域中，由于转速恢复，双馈风力发电机组运行点由左向右移动。值得注意的是，由于频率支撑阶段中双馈风力发电机组释放的动能等于转速恢复阶段中双馈风力发电机组存储的动能，t_{acc}后双馈风力发电机组可以成功地转换为最大功率追踪控制。t_{dec}设定为20.0 s。受到$P_0+\Delta P$减少到$P_0-0.5\Delta P$的影响，在转速恢复阶段将引起频率二次跌落，严重时频率二次跌落将低于由扰乱引起的频率最低点，如图5-10所示。

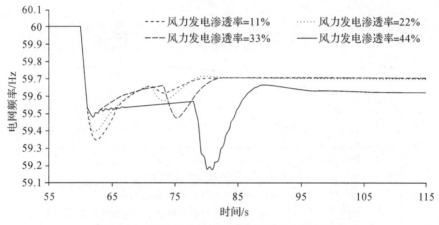

图5-10　多种风力发电渗透率下的电网频率变化

在频率支撑阶段向转速恢复阶段转换期间，为减缓频率二次跌落，研究学者提出了有功功率在T_{drop}内按一定的斜率衰减的控制思想[35]，其时间域与转速域的有功功率参考值如图5-11所示。该策略的频率支撑阶段由两部分组成，即有功功率恒定阶段（T_{boost}）和有功功率衰减阶段（T_{drop}），从双馈风力发电机组运行A点到C点（T_{boost}）。与文献[34]不同的是，该方法在不同风速时采用的有功增量存在差异，即附加在P_0的有功增量与转速成正比，因此，该策略可以在扰乱初期有效地利用双馈风力发电机组的旋转动能，向电网中注入更多的有功功率，补偿电网有功功率缺失，减少最大频率偏差和最大频率变化率。随后，在T_{drop}内双馈风力发电机组有功功率按一定的斜率衰减至$P_0-\Delta P_{UP}$，并保持恒定不变，直到有功功率与最大功率追踪曲线相遇，如图5-11所示，双馈风力发电机组的运行点由C点经过D点到E点（与最大功率追踪曲线相遇）。虽然该策略有效地降低了双馈风力发电机组有功功率变化率，从而缓解了频率二次跌落，但是该方法延迟了转子转速的恢复时间，进一步影响了风力发电机组捕获的风能，并且容易引起风力发电机组失稳现象。此外，该方法的各个参数相互制约，整定适用于不同系统及运行状态下的参数难度极大。

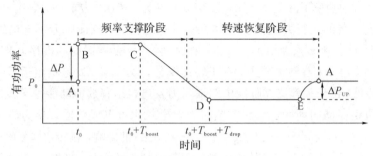

（a）时间域中的双馈风力发电机组有功参考值

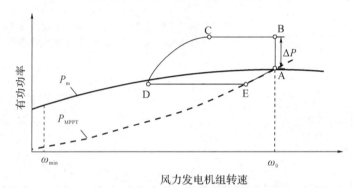

（b）转速域中的双馈风力发电机组有功参考值

图 5-11　时间域与转速域中的有功功率示意图[35]

5.4.2　基于风机转速函数的阶跃短期频率控制策略

根据基于时间函数的阶跃短期频率支撑方法分析可知，双馈风力发电机组参与系统调频时，能够提供较大的有功功率支撑，然而在转速恢复过程中，风力发电机组有功功率变化大，从而造成严重的频率二次跌落。因此，在基于时间函数的阶跃短期频率支撑的基础上对其进行了改进，提出了基于风力发电机组转速函数的阶跃短期频率支撑方法[36]。

图 5-12（b）中，虚线为转矩极限曲线，表示双馈风力发电机组有功功率与转速之间的线性关系。曲线 P_m 代表在给定风速下，双馈风力发电机组的机械功率曲线。曲线 P_{MPPT} 代表 DFIG 风力发电机组最大功率输出曲线。为改善电网频率稳定性，双馈风力发电机组将有功功率提高至工作 B 点。随后为避免双馈风力发电机组过度释放旋转动能，从而导致转子转速过低，工作 B 点后，双馈风力发电机组的有功功率定义为转速的函数，即有功功率随转速下降而降低，下降至工作 C 点后双馈风力发电机组退出调频。接着启动转速恢复模块，双馈风力发电机组有功功率减少至工作点 C'，并且双馈风力发电机组有功功率保持恒

定至工作 D 点，在工作 D 点，有功功率与最大功率追踪曲线相遇并切换至最大功率追踪运行。风力发电参与系统调频和转速恢复过程中，双馈风力发电机组有功功率变化轨迹为 A→B→C→C'→D→A，如图 5-12 所示。下面将分别介绍双馈风力发电机组参与系统调频和转速恢复过程中，有功功率参考值的计算公式。

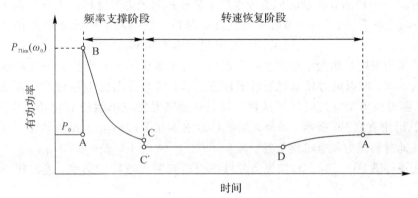

（a）时间域中的双馈风力发电机组有功参考值

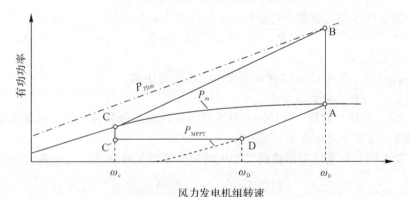

（b）转速域中的双馈风力发电机组有功参考值

图 5-12　时间域与转速域中的有功功率示意图[36]

在正常运行（无扰动）时，双馈风力发电机组工作在最大功率追踪控制状态。在最优转子转速下实现最大输出功率。因此，工作 A 点的参考功率为

$$P_{ref\_1} = P_A = P_{MPPT} \tag{5-13}$$

当检测到电网频率下降并超出死区阈值时，双馈风力发电机组可通过增加有功功率为电网提供能量。为改善电网频率稳定性，双馈风力发电机组将有功功率增加至 P_B，其值为系统检测到扰乱时转子转速对应的转矩限制，如下式：

$$P_B = P_{Tlim}(\omega_0) \tag{5-14}$$

随后为避免双馈风力发电机组转子转速过低，风力发电机组的有功功率沿着直线 BC

减小至工作点 C，该阶段的功率参考值（P_{ref_2}），如下：

$$P_{ref\_2} = \frac{P_{Tlim}(\omega_0) - P_m(\omega_C)}{\omega_0 - \omega_C}(\omega_0 - \omega_r) + P_{Tlim}(\omega_0) \quad\quad (5-15)$$

式中：

    ω_0 和 ω_C——检测到扰动时风力发电机组的转速和风力发电机组工作 C 点的转速。

    $P_{Tlim}(\omega_0)$ 和 $P_m(\omega_C)$——系统检测到扰乱时转子转速对应的转矩限制和风力发电机组工作 C 点的机械输入功率。

当双馈风力发电机组处于频率支撑阶段时，由于双馈风力发电机组的电磁输出功率大于机械输入功率，所以风力发电机组转子转速下降，风力发电机组存储的旋转动能将释放到电网中。随着风力发电机组转子速度下降，双馈风力发电机组的有功功率也随之下降，如图 5-12(b)中直线 BC 所示。此外，工作 C 点永远在工作 A 点与最低转速极限之间，所以可以有效地避免风力发电机组失速。

当下式条件满足时，判定双馈风力发电机组的频率支撑阶段结束，进入转子转速恢复阶段：

$$\omega_r(t) - \omega_r(t + \Delta t) \geqslant 0.5 \times 10^5 \quad\quad (5-16)$$

即双馈风力发电机组进入减载运行阶段，该阶段的功率参考值（P_{ref_3}）如下：

$$P_{ref\_3} = P_{ref\_2}(\omega_C) - \Delta P_{deload} \quad\quad (5-17)$$

式中：

    $P_{ref\_2}(\omega_C)$——工作 C 点双馈风力发电机组有功功率。

    ΔP_{deload}—— 有功功率减少值。

如果 ΔP_{deload} 为较大的值，双馈风力发电机组可快速地恢复其转速，然而易造成严重的二次频率跌落。文献中建议该值为 0.03pu。

最后，双馈风力发电机组沿曲线 DA 平滑地恢复到工作 A 点，在此期间的功率参考值（P_{ref_4}）为

$$P_{ref\_4} = P_{MPPT} \quad\quad (5-18)$$

综上所示，基于风力发电机组转速函数的阶跃短期频率支撑方法可以在频率支撑阶段有效地提高电网频率稳定性，同时避免一起风力发电机组失速现象；在转子转速恢复阶段，可以有效地减少频率二次跌落深度，但是延缓了转子转速恢复的时间，导致风力发电场发电经济效益受到损失。

5.5　仿真分析

5.5.1　IEEE14 节点仿真系统简介

为研究双馈风力发电机组短期频率控制方法的特点，在 EMTP - RV 仿真平台中搭建

如图 5-13 所示的 IEEE14 节点母线仿真系统。该系统包括一个风力发电场、5 台同步发电机、1 台异步电动机及容量为 240 MW 静负荷。IEEE14 节点母线仿真系统的负荷分布如表5-1 所示。风力发电场由 20 台 5.0 MW 的双馈风力发电机组组成，经过一条 22 km 的架空线路接入电网。同步发电机组均采用 IEEE G1 调速器（见图 5-14）和 IEEE X1 励磁模型。风力发电场参数详见表 5-2。

下面将在同步机组脱机，风速为 8 m/s 的场景下，分别给出双馈风力发电机组采用基于频率的短期频率控制策略（模拟惯性控制、模拟下垂控制、模拟惯性和下垂综合控制）与基于双馈风力发电机组旋转动能的阶跃短期频率控制策略时的仿真结果。

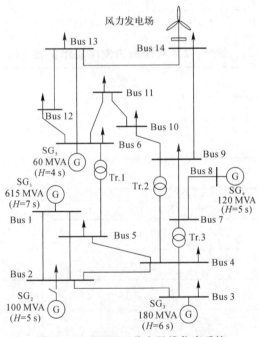

图 5-13 IEEE14 节点母线仿真系统

表 5-1 IEEE14 节点母线仿真系统的负荷分布

节点	1	2	3	4	5	6	7
P/ MW	—	43.55	189.57	96.27	16.23	24.64	—
Q /MVar	—	11.4	15.13	1.21	1.12	4.54	—
节点	8	9	10	11	12	13	14
P /MW	—	65.02	19.87	7.72	13.47	29.74	32.8
Q /MVar	—	12.38	4.28	1.29	0.84	4.10	3.56

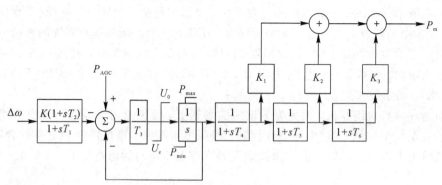

图 5-14　IEEE G1 调速系统模型

表 5-2　双馈风力发电机组参数

参数	取值	单位
视在功率	5.5	MVA
额定有功功率	5.0	MW
额定定子电压	2.3	kV
定子电阻	0.023	p. u.
定子漏抗	0.18	p. u.
转子电阻	0.016	p. u.
转子漏抗	0.16	p. u.
惯性时间常数	5.0	s
额定、切入和切出风速	11，4，25	m/s

5.5.2　基于电网频率的短期频率控制策略仿真分析

1. 虚拟惯性控制策略仿真分析

在 60 s 时，令第 4 台同步发电机组停止工作，由于电力系统中的发电功率小于负荷消耗功率，则导致电网频率下降。本节将对双馈风力发电机组采用最大功率追踪控制与虚拟惯性控制的仿真结果进行分析，电网频率、双馈风力发电机组的转速及有功功率如图 5-15 所示。

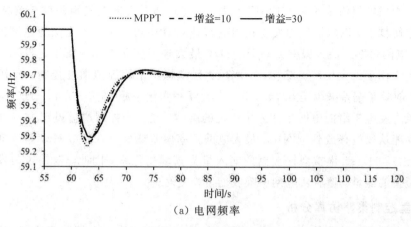

（a）电网频率

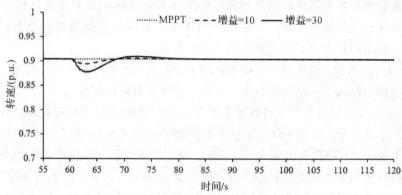

（b）双馈风力发电机组的转速

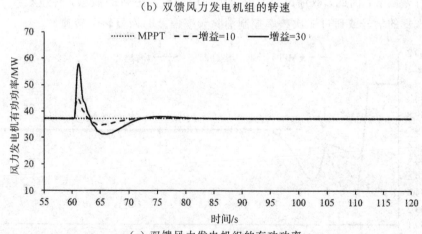

（c）双馈风力发电机组的有功功率

图 5 - 15　恒增益虚拟惯性控制仿真结果

双馈风力发电机组采用最大功率追踪控制（即双馈风力发电机组不参与调频）时，由于与电网频率解耦，所以双馈风力发电机组的转速和有功功率不变，无法为电网提供频率响应，此时，电网频率的最大偏差为 0.766 Hz，最大频率变化率为 −0.469 Hz/s。与双馈风力发电机组工作于最大功率追踪相比，当风力发电机组采用虚拟惯性控制，控制增益为 10 时，最大电网频率偏差减少至 0.743 Hz，最大频率变化率减少至 −0.451 Hz/s，其原因是由于双馈风力发电机组向电网中注入了一定的旋转动能。当控制增益设定为 30 时，因为更多的旋转动能从风机释放到电网中，最大电网频率偏差减少至 0.703 Hz，最大频率变化率减少至 −0.412 Hz/s。虚拟惯性控制的输入量为频率变化率，因此，双馈风力发电机组向电网提供短暂的能量，随后从电网中吸收能量恢复转速。

2. 下垂控制策略仿真分析

与研究虚拟惯性控制策略的场景相同，在 60 s 时，令第 4 台同步发电机组停止工作，对双馈风力发电机组采用最大功率追踪控制与下垂控制的仿真结果进行分析，电网频率、双馈风力发电机组的转速及有功功率如图 5 − 16 所示。

如图 5 − 16(a)所示，当风力发电机组采用下垂控制，控制增益为 25 时，因为双馈风力发电机组向电网中注入了一定的旋转动能，最大电网频率偏差减少至 0.591 Hz，最大频率变化率减少至 −0.426 Hz/s。当控制增益设定为 50 时，最大电网频率偏差减少至 0.671 Hz，最大频率变化率减少至 −0.373 Hz/s，这主要是因为过多旋转动能释放到电网中，造成风力发电机组失速，引起更严重的频率二次跌落。该二次跌落低于扰乱引起的频率一次跌落，进而加大了电网频率最大偏差。下垂控制的输入量为频率变化量，由于下垂控制的比例控制环节为有差调节，因此，双馈风力发电机组向电网提供短暂的能量，转速收敛于某转速，等待转速恢复的信号或通过二次频率控制消除频率偏差时恢复转子转速。

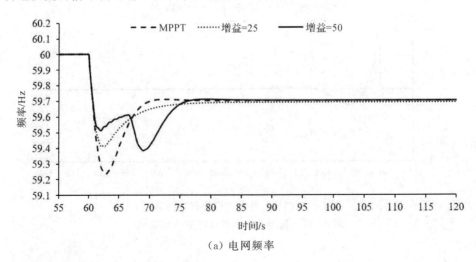

（a）电网频率

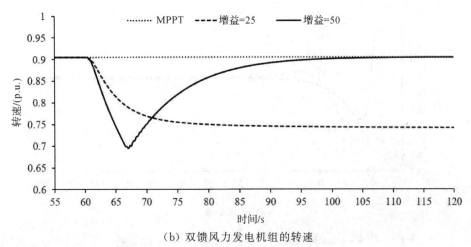

（b）双馈风力发电机组的转速

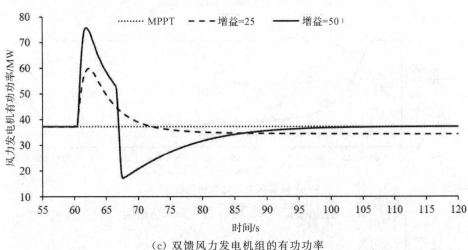

（c）双馈风力发电机组的有功功率

图 5-16　恒增益下垂控制仿真结果

3. 虚拟惯量和下垂综合控制策略仿真分析

本节将对双馈风力发电机组采用虚拟惯性控制、下垂控制与虚拟惯性和下垂综合控制的仿真结果进行分析。

如图 5-17(a)所示，与虚拟惯性控制和下垂控制的仿真结果相比，当双馈风力发电机组采用虚拟惯性和下垂综合控制策略时，因为双馈风力发电机组向电网中注入了更多的旋转动能，最大电网频率偏差减少至 0.575 Hz，最大频率变化率减少至 -0.405 Hz/s，因此，综合虚拟惯性和下垂控制可以有效地改善最大电网频率变化率和最大频率偏差。

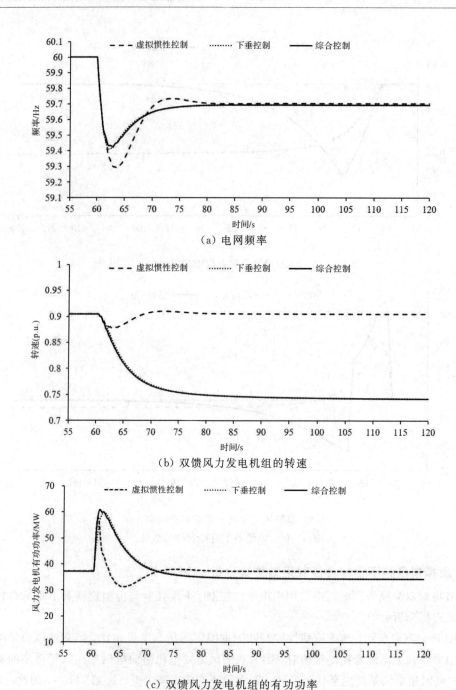

（a）电网频率

（b）双馈风力发电机组的转速

（c）双馈风力发电机组的有功功率

图 5-17　恒增益虚拟惯性和下垂综合控制仿真结果

4. 变增益虚拟惯性控制仿真分析

与研究虚拟惯性控制策略的场景相同，在 60 s 时，令第 4 台同步发电机组停止工作，对双馈风力发电机组采用变增益与恒增益虚拟惯性控制的仿真结果进行分析。将式(5-7)的 C 设定为 200，电网频率、双馈风力发电机组的转速、有功功率及控制增益如图 5-18 所示。图 5-18(a)显示，当风力发电机组采用变增益的虚拟惯性控制，与采用恒增益的虚拟惯性控制相比，最大电网频率偏差减少至 0.608 Hz，最大频率变化率减少至 −0.373 Hz/s，其原因是双馈风力发电机组向电网中注入更多的旋转动能。同时虚拟惯性控制增益随转速的降低而变化，如图 5-18(d)所示。

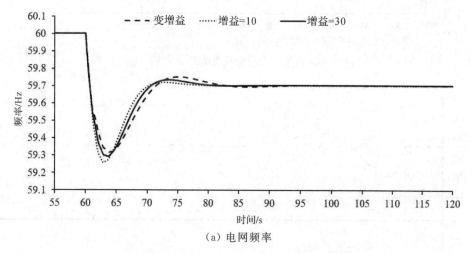

（a）电网频率

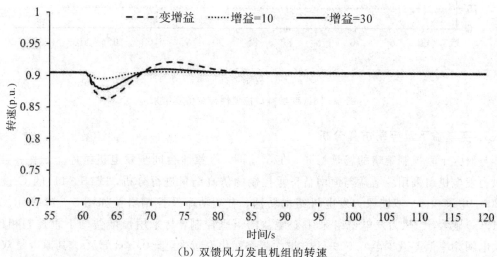

（b）双馈风力发电机组的转速

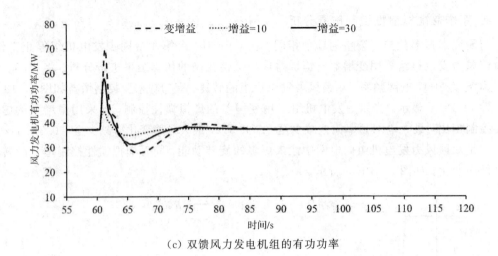

（c）双馈风力发电机组的有功功率

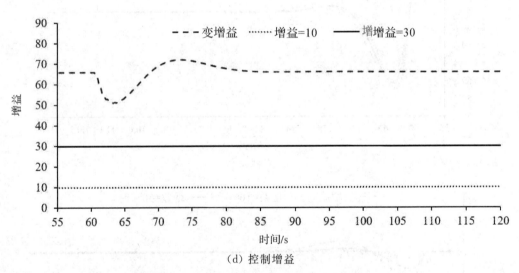

（d）控制增益

图 5 - 18　变增益虚拟惯性控制仿真结果

5. 变增益下垂控制仿真分析

与研究下垂控制策略的场景相同，在 60 s 时，令第 4 台同步发电机组停止工作，对双馈风力发电机组采用变增益与恒增益下垂控制的仿真结果进行分析，式(5 - 11) 的 C 设定为 200，电网频率、双馈风力发电机组的转速、有功功率及控制增益如图 5 - 19 所示。图 5 - 19(a)显示，当风力发电机组采用变增益的下垂控制，与采用恒增益的下垂控制相比，最大电网频率偏差减少至 0.509 Hz，最大频率变化率减少至 -0.373 Hz/s，其原因是双馈风力发电机组向电网中注入更多的旋转动能。同时下垂控制增益随转速的降低而变化，可以有效地适应风力发电机组转速的变化，防止风力发电机组失速，如图 5 - 19(d)所示。

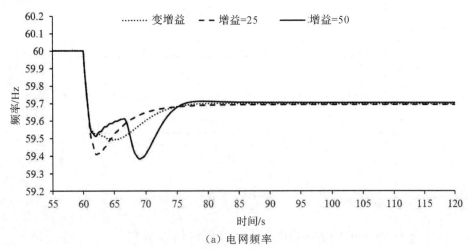

（a）电网频率

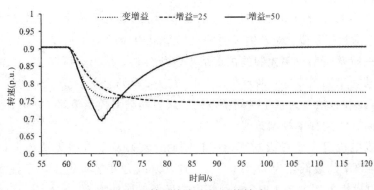

（b）双馈风力发电机组的转速

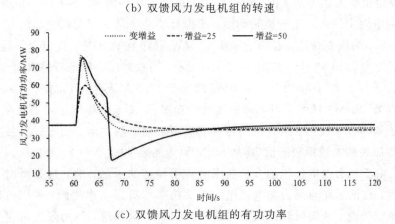

（c）双馈风力发电机组的有功功率

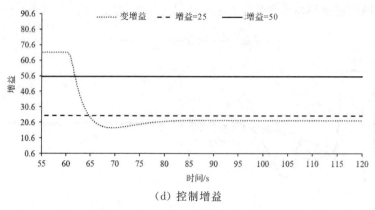

（d）控制增益

图 5 - 19　变增益下垂控制仿真结果

5.5.3　基于旋转动能的阶跃短期频率控制策略仿真分析

在 40 s 时，令第 2 台同步发电机组停止工作，由于电力系统中的发电功率小于负荷消耗功率，导致电网频率下降。对双馈风力发电机组采用最大功率追踪控制与基于风力发电机组旋转动能的阶跃短期频率控制的仿真结果进行分析，得出电网频率、双馈风力发电机组的转速及有功功率如图 5 - 20 所示。方法 1、方法 2 和方法 3 分别对应文献［34 - 36］的方法，其中，方法 1 和方法 2 为基于时间函数的阶跃短期频率控制策略，方法 3 为基于风力发电机组转速的阶跃短期频率控制策略。

双馈风力发电机组采用最大功率追踪控制时，风力发电机组无法为电网提供频率响应，此时，电网频率的最低点为 58.933 Hz。与双馈风力发电机组工作于最大功率追踪相比，当风力发电机组采用方法 1 时，电网频率的最低点增加为 59.042 Hz，其原因是双馈风力发电机组向电网中注入一定的旋转动能，使得有功功率从 38 MW 增加至 48 MW，并且维持 10 s，随后，为恢复转速，有功功率从 48 MW 下降至 33 MW，进而导致电网频率二次跌落，其跌落值为 59.490 Hz。如图 5 - 20(a)所示，当双馈风力发电机组采用方法 2 时，由于有功增量大于方法 1，有功功率从 38 MW 增加至 52.5 MW，并且维持 3.5 s，所以方法 2 的频率最低点为 59.089 Hz。此外，因为其有功功率在 10 s 内按照一定的斜率衰减，从而有效地缓解了频率二次跌落。当双馈风力发电机组采用方法 3 时，由于风力发电机组的有功功率瞬间增加到最大转矩极限值（即从 38 MW 增加至 79.4 MW），所以可以有效地提高频率最低点。由于风力发电机组的有功功率为转子转速的函数，随转速下降时一定存在一个稳定工作点，在该工作点风力发电机组的有功功率与机械功率相同，所以可以有效地避免风力发电机组失速。为缓解转速恢复时造成的频率二次跌落，风力发电机组采用较小的有功减少量（0.03p.u.，3.4 MW），由此可见，虽然方法 3 可以减小频率二次跌落，但是延迟了转速恢复时间。

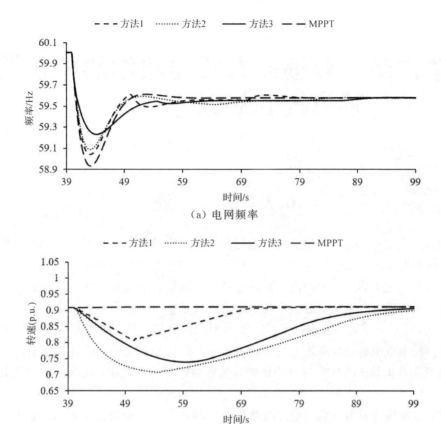

（a）电网频率

（b）双馈风力发电机组的转速

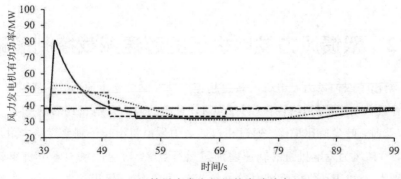

（c）双馈风力发电机组的有功功率

图 5-20　基于风力发电机组旋转动能的阶跃短期频率控制仿真结果

第六章 双馈风力发电机组的中长期频率控制策略

6.1 概　　述

双馈风力发电机组工作在最大功率追踪模式时可以使风能利用率和风力发电场的收益最大化。虽然双馈风力发电机组的转速具有调节范围较宽和旋转惯量大的优势，但是其转子存储的旋转动能有限，只能提供短暂的有功功率支撑。当风力发电机组转子转速下降至极限值时，风力发电机组务必退出调频，进而造成频率二次跌落，特别是在持续低风速场景下。因此，为使双馈风力发电机组像常规同步发电机组一样为电网提供持续的有功功率支撑，风力发电机组必须偏离最大功率追踪模式，运行在次优的功率控制模式下，使双馈风力发电机组在电网出现扰乱时可持续提供稳定的有功功率支撑，这称为风力发电机组减载运行。

目前，双馈风力发电机组可通过转速超速控制法和变桨控制法实现减载运行。超速控制法主要通过控制风力发电机组转子转速使其减载运行，预留有功功率备用；变桨控制法是通过增加桨距角实现风力发电机组减载运行。下面将针对转速超速法和变桨法进行简单的介绍。

6.2 双馈风力发电机组的超速减载控制策略

图 6-1 给出了双馈风力发电机组转速超速减载控制的基本原理。在某风速下，双馈风力发电机组在最大功率追踪运行时运行于点 1，对应的风力发电机组转速和有功功率分别为 ω_1 和 P_1，此时，叶尖速比最优。通过在双馈风力发电机组转子侧变流器中附加转速超速控制的方法，可使风力发电机组的转速增加至运行点 2，对应的风力发电机组转子转速和有功功率分别为 ω_2 和 P_2（减载后风力发电机组有功功率）。值得注意的是，为实现减载运行，双馈风力发电机组可向左移动工作点，然而风力发电机组向左运行将会导致双馈风力

发电机组的稳定裕度降低，进而引起风力发电机组失速。双馈风力发电机组减载运行过程中的备用容量可表示为

$$d\% = \frac{P_2}{P_1}\%　\qquad (6-1)$$

式中，d 为风力发电机组的减载水平。

当风速恒定不变时，风能捕获系数 $C_{\text{p,deload}}$ 可表示为

$$C_{\text{p,deload}} = (1-d\%)C_{\text{p, max}} \qquad (6-2)$$

由于桨距角为零，因此式(6-2)可整理为

$$C_{\text{p,deload}}(\lambda_L, 0) = (1-d\%)C_{\text{p, max}}(\lambda_{\text{opt}}, 0) \qquad (6-3)$$

式中，λ_L 为风力发电机组减载运行时叶尖速比。

式(6-3)与风速无关，λ_L 可通过设定的 $C_{\text{p,deload}}$ 推导。λ_L 存在两个值，为保证风力发电机组安全运行应选取较大的 λ_L。

风力发电机组减载运行时的有功功率 P_2 可表示为

$$P_2 = \frac{1}{2}\rho\pi R^5 \omega_{\text{r}}^3 C_{\text{p,deload}}(\lambda_L, 0)/\lambda_L^3 \qquad (6-4)$$

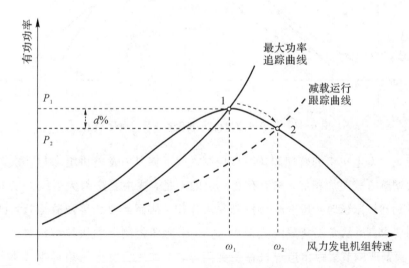

图 6-1　双馈风力发电机组转速超速减载控制原理图

6.3　双馈风力发电机组的变桨减载控制策略

图 6-2 给出了双馈风力发电机组变桨减载控制的基本原理。在某风速下，双馈风力发

电机组在最大功率追踪运行时运行于点 1，对应的风力发电机组转子转速和有功功率分别为 ω_1 和 P_1，与图 6-1 相同。通过在双馈风力发电机组转子侧变流器中附加变桨减载控制方法，可使风力发电机组的桨距角增加至运行点 2，对应的风力发电机组转子转速和有功功率分别为 ω_1 和 P_2。值得注意的是，与超速减载控制方法相同的是风能利用系数下降，不同的是转子转速不变，但是桨距角从 β_1 增加至 β_2。

风力发电机组通过变桨实现减载运行时，$C_{p,\text{deload}}$ 可表示为

$$C_{p,\text{deload}}(\lambda_{\text{ref}}, \beta_{\text{ref}}) = (1 - d\%)C_{p,\text{max}}(\lambda_{\text{opt}}, \beta_0) \tag{6-5}$$

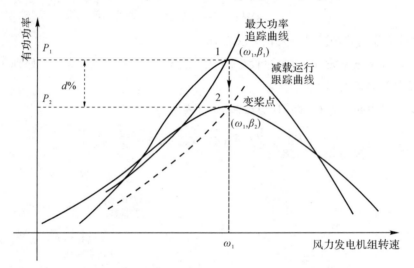

图 6-2 双馈风力发电机组变桨减载控制原理图

在双馈风力发电机组的转速超速减载控制模式下使风力发电机组参与一次调频与常规机组的一次调频方式更加相似，然而存在一定的不足，这主要是因为当风力发电机组的转速接近或者到达极限值时，超速减载控制失去作用，从而需要变桨减载运行，进而满足有功功率备用要求。虽然变桨减载的范围大，但是桨距角控制器的机械结构复杂，响应速度缓慢，并且频繁地调节桨距角造成机械疲劳问题，增加风力发电机组运维成本，减少风力发电机组使用寿命。通常情况下，超速减载控制与变桨减载控制协同使用，即在低风速时，采用转速超速减载控制方法；在中风速时，若仅仅采用超速减载控制方法不能满足减载要求，因此采用超速减载与变桨减载协同控制方法；在高风速时，风力发电机组无法进行超速减载控制，转速已经达到最大值，仅仅使用变桨减载控制方法。图 6-3 至图 6-5 分别给出了低风速减载控制、中风速减载控制和高风速减载控制模型。

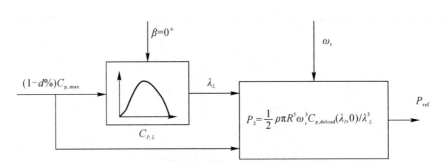

图 6 - 3　低风速下双馈风力发电机组减载模型

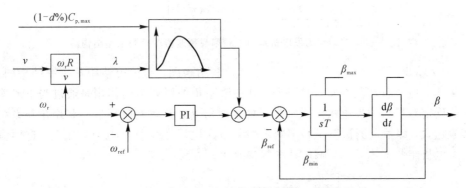

图 6 - 4　中风速下双馈风力发电机组减载模型

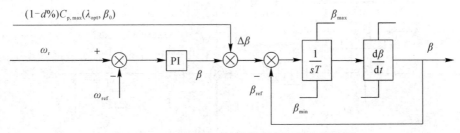

图 6 - 5　高风速下双馈风力发电机组减载模型

　　图 6 - 6 给出了虚拟惯性和下垂综合控制与转速超速协调控制策略结构图。在虚拟惯性和下垂综合控制结构图的基础上添加减载控制模块，当检测到系统频率下降时，虚拟惯性和下垂控制策略增加双馈风力发电机组的有功功率，从而响应频率变化。若风速不变，由于双馈风力发电机组的有功功率大于输入机械功率，因而风力发电机组转速下降，风能利用系数和叶尖速比增加，双馈风力发电机组捕获的机械能增加；当双馈风力发电机组的有功功率与输入机械功率再次达到平衡时风力发电机组稳定运行；当系统频率恢复正常时，双馈风力发电机组按照调度指令要求，重新进入减载运行。与短期频率控制策略相比，该虚拟惯性和下垂综合

控制与转速超速协调控制策略具有有功功率备用，可以为电网提供长时间的频率响应。

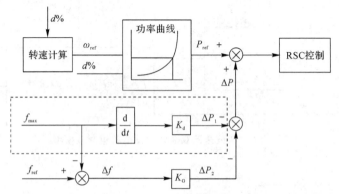

图 6-6　双馈风力发电机组附加频率与超速协调控制策略结构图

　　图 6-7 给出了频率控制与变桨减载系统控制结构图。与传统桨距角控制结构图相比，增加了频率响应环节和桨距角补偿环节，其中桨距角补偿环节的作用是通过当下风速的有功参考值确定双馈风力发电机组减载运行的桨距角 β_2，频率响应环节是桨距角与系统频率的近似表达式，即根据测量系统频率确定桨距角变化量 $\Delta\beta$，从而调节桨距角，进而调节双馈风力发电机组的输出功率，响应系统频率变化。

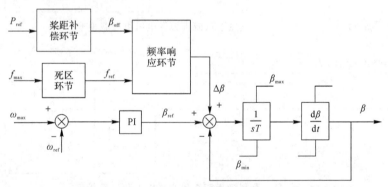

图 6-7　双馈风力发电机组附加频率与变桨协调制策略结构图

6.4　仿 真 分 析

6.4.1　仿真系统简介

　　为研究双馈风力发电机组的中长期频率控制策略，在 EMTP-RV 仿真平台中搭建如图 6-8 所示的仿真系统。该系统电源包括一个风力发电场、5 台同步发电机。风力发电场由 20 台 5.0 MW 的双馈风力发电机组组成，经过一条 22 km 的架空线路通过 154/33 kV 升压变压器接入电网。同步发电机组均采用 IEEE G1 调速器和 IEEE X1 励磁模型，负荷采用静负荷模型。风力发电场参数与 IEEE G1 参数详见第五章的表 5-1 和表 5-2。

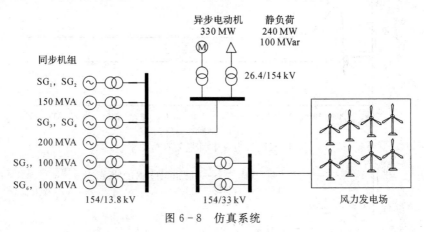

图 6-8　仿真系统

下面将在同步机组脱机，风速为 8 m/s 和 10 m/s 的场景下，分别研究转速超速与频率协调控制和变桨与频率协调控制策略，并且通过与无频率控制时的仿真结果对比，分析转速超速与频率协调控制和变桨与频率协调控制各自的特点。

6.4.2　风力发电机组超速与频率协调控制策略

在 300 s 时，令第 5 台同步发电机组停止工作，由于电力系统中的发电功率小于负荷消耗功率，电网频率下降。本节将对双馈风力发电机组采用转速超速控制与转速超速与频率协调控制的仿真结果进行分析。电网频率、双馈风力发电机组有功功率以及虚拟惯性控制和下垂控制的有功增量如图 6-9 所示。

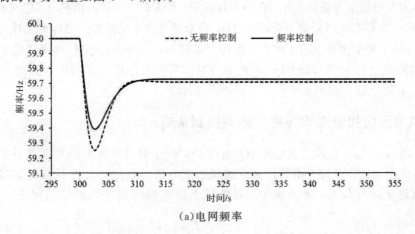

（a）电网频率

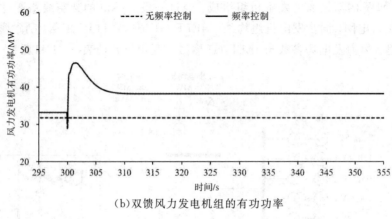

(b)双馈风力发电机组的有功功率

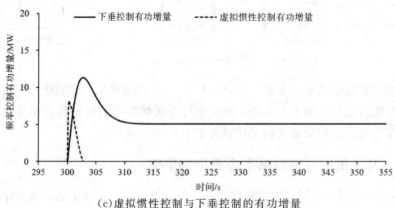

(c)虚拟惯性控制与下垂控制的有功增量

图 6-9 转速超速与频率协调控制的仿真结果

如图 6-9(b)所示，当双馈风力发电机组仅采用转速控制获得有功功率备用时，按照控制指令，风力发电机组可获得 5％的有功调频备用。在无频率控制的情况下，电网频率最低点为 59.351 Hz，准稳态电网频率为 59.708 Hz，当双馈风力发电机组采用转速超速与频率协调控制时(即在转子侧变流器中附加虚拟惯性和下垂控制)，电网频率最低点增加至 59.393 Hz，准稳态电网频率上升为 59.728 Hz。因此，当双馈风力发电机组采用转速超速与频率协调控制时可以有效地提升频率最低点与准稳态频率偏差。

6.4.3 风力发电机组变桨与频率协调控制策略

在 60 s 时，令第 5 台同步发电机组停止工作，由于电力系统中的发电功率小于负荷消耗功率，因此电网频率下降。本节将对双馈风力发电机组采用变桨控制与变桨与频率协调控制的仿真结果进行分析，电网频率、双馈风力发电机组有功功率以及桨距角变化如图 6-10所示。

如图 6-10(b)所示，当双馈风力发电机组仅采用变桨控制获得有功功率备用时，按照控制指令，风力发电机组可获得 10% 的有功调频备用，桨距角为 1.53°。在无频率控制的情况下，电网频率最低点为 59.461 Hz，准稳态电网频率为 59.796 Hz；当双馈风力发电机组采用变桨与频率协调控制（即在转子侧变流器中附加频率控制，桨距角在 3 s 减少至 0°）时，电网频率最低点增加至 59.467 Hz，准稳态电网频率上升为 59.821 Hz。因此，当双馈风力发电机组采用转速超速与频率协调控制时可以有效地提升准稳态频率偏差，但是对电网频最低点的作用不大，这主要是因为电网频率最低点形成前风力发电机组向电网注入的有功功率少。

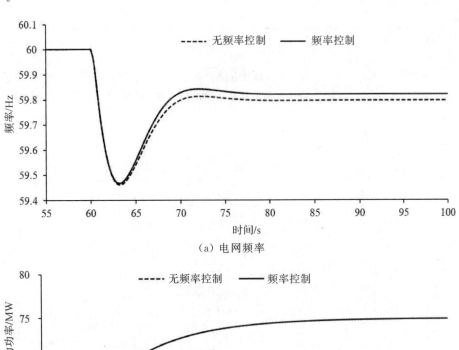

（a）电网频率

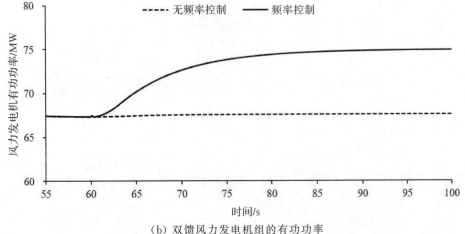

（b）双馈风力发电机组的有功功率

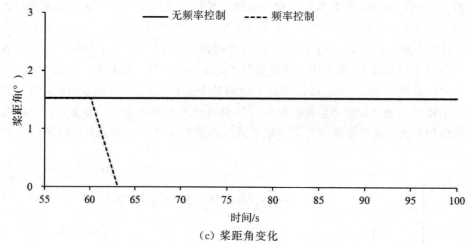

（c）桨距角变化

图 6 - 10　变桨与频率协调控制的仿真结果

参 考 文 献

[1] 王毅，朱晓荣，赵书强. 风力发电系统的建模与仿真 [M]. 北京：中国水利水电出版社，2015.

[2] ANDRE T，Renewables 2020 Global Status Report [M]. REN21 Setariat，2020.

[3] 中国 2050 高比例可再生能源发展情景暨路径研究 [R]. 北京：中国环境出版社，2015.

[4] 北极星风力发电，海上风电，大瀑布计划在欧洲海域使用 GE12MW 机组！. https://news.bjx.com.cn/html/20190517/981014.shtml.

[5] 潘文霞，杨建军，孙帆. 风力发电与并网技术 [M]. 北京：中国水利水电出版社，2017.

[6] OLIMPO A，NICK J，JANAKA E，etc. 风力发电的模拟与控制 [M]. 徐政，译. 北京：机械工业出版社，2011.

[7] 刘振亚. 智能电网技术 [M]. 北京：中国电力出版社，2010.

[8] ACKERMANN T. Wind Power in Power Systems [M]. John Wiley & Sons，Ltd，2005.

[9] 王承煦，张源. 风力发电 [M]. 北京：中国电力出版社，2002.

[10] 袁铁江，晁勤，李建林. 风力发电并网技术 [M]. 北京：机械工业出版社，2012.

[11] 朱莉，潘文霞，霍志红，等. 风电场并网技术 [M]. 北京：中国电力出版社，2011.

[12] EISA S A. Modeling dynamics and control of type-3 DFIG wind turbines：Stability，Q Droop function，control limits and extreme scenarios simulation [J]. Electric Power Systems Research，2019，166：29 – 44.

[13] XU G Y，LIU F L，HU J X，etc. Coordination of wind turbines and synchronous generators for system frequency control [J]. Renewable Energy，2018，129：225 – 236.

[14] 高翔. 现代电网频率控制应用技术 [M]. 北京：中国电力出版社，2010.

[15] GBT 15945－1995. 电能质量电力系统频率允许偏差 [S].

[16] IEEE 446：1995. Emergency and standby power Systems for Industrial and Commercial Applications，Institute of Electrical & Electronics Engineers [S].

[17] 孙华东，许涛，郭强，等. 英国"8·9"大停电事故分析及对中国电网的启示 [J]. 中国电机工程学报，2019，39(21)：6183 – 6191.

[18] 李兆伟，吴雪莲，庄侃沁，等. "9·19"锦苏直流双极闭锁事故华东电网频率特性分

析及思考 [J]. 电力系统自动化，2017，41(7)：149 - 154.

[19] 陈雪梅，陆超，韩英铎. 电力系统频率问题浅析与频率特性研究综述 [J]. 电力工程技术，2020，39(1)：1 - 9.

[20] 刘辉，葛俊，巩宇，等. 风电场参与电网一次调频最优方案选择与风储协调控制策略研究 [J]. 全球能源互联网，2019，2(1)：44 - 52.

[21] 陈国平，李明节，许涛，等. 关于新能源发展的技术瓶颈研究 [J]. 中国电机工程学报，2017，37(1)：20 - 26.

[22] NICHOLAS M，SHAO M L，SUNDAR V，et al. Frequency response of California and WECC under high wind and solar conditions[C]. San Diego，CA，USA：IEEE Power and Energy Society General Meeting，2012.

[23] 国标 GB/T 19963—2011. 风电场接入电力系统技术规定[S].

[24] 国标 GB/T 36994—2018. 风力发电机组电网适应性测试规程[S].

[25] 电力行业标准 DL/T 1870—2018. 电力系统网源协调技术规范[S].

[26] EirGrid. EirGrid grid code version 3. 4 [S]. Available at www. eirgrid. com.

[27] QUÉBEC H. Transmission Provider Technical Requirements for the Connection of Power Plants to the Hydro-Québec Transmission System. Hydro Québec，Montréal，Québec，2009.

[28] Change proposals to the Grid Codes in England & wales and in Scotland[R]. Sinclair Knight Merz，2004.

[29] National Grid. Mandatory Frequency Response National Grid，2016. http://www2. nationalgrid. com.

[30] TSILI M，PAPATHANASSIOU S. A review of grid code technical requirements for wind farms[J]. IET Renewable Power Generation，2009，3(3)：308 - 332.

[31] WANG S Q，TOMSOVIC K. A novel active power control framework for wind turbine generators to improve frequency response [J]. IEEE Transactions on Power Systems，2018，33(6)：6579 - 6589.

[32] YANG D J，GAO H C，ZHENG T Y，et al. Short-term frequency support of a doubly-fed induction generator based on an adaptive power reference function [J]. International Journal of Electrical Power & Energy Systems，2020，119：1 - 10.

[33] 丁磊，尹善耀，王同晓，等. 考虑惯性调频的双馈风电机组主动旋转保护控制策略 [J]. 电力系统自动化，2015，39(24)：29 - 34.

[34] ULLAH N R，THIRINGER T，KARLSSON D. Temporary primary frequency control support by variable speed wind turbines-potential and applications [J]. IEEE Transactions on Power Systems，2008，23(2)：601 - 612.

［35］　ITANI S I, ANNAKKAGE. U D, JOOS G. Short-term frequency support utilizing inertial response of DFIG wind turbines ［C］. IEEE Power and Energy Society General Meeting，2011.

［36］　KANG M, KIM K, EULJADI E, et al. Frequency support control of a doubly-fed induction generator based on the torque limit ［J］. IEEE Transactions on Power Systems，2016，31(6)：4575－4583.